电子商务专业产教融合育人系列教材

网店 美工

ELECTRONIC COMMERCE

主　编　龚国桥　鞠小洪　王育恒
副主编　张小平　梁　梅　谭　玲　吕　利
参　编　朱红霞　姚晓兰　龚红霞　李　平　彭林红　阎思婕　冯　凌
　　　　梁　强　杨　锋　付堪文　吴　刚　罗　杨　谌永华　黄　宇

复旦大学出版社

导　言

一、课程性质描述

网店美工是电子商务专业核心技能课程，也是从事电子商务相关工作的必修课程。课程的主要功能是借助岗位典型工作任务，基于工作过程设计综合实训，学习中强调实践性，利用电子商务实训平台训练，培养学生从事网店美工的实践能力。

适用专业：职教电子商务

开设时间：第三学期

建议课时：72课时

二、典型工作任务描述

网店美工是网店建设过程中的重要内容。网店美工人员按照网店设计整体要求，确定网店设计风格并开展店铺起名、标识设计、店招设计、产品详情页设计、广告轮播图设计等工作，且在设计全过程中适时调整和检查网店美观度，在规定的时间内完成符合设计要求和电子商务相关法规的工作任务。在整个设计过程中，必须严格执行设计规范，并协同其他网店开发人员开展设计。

三、课程学习目标

通过本课程的学习，你应该能够：

1. 准确说出店铺起名的法律规范和店标所包含的元素及常见类别，能够独立快速地按照店铺设计整体要求设计店标。

2. 准确说出店招、广告轮播图、产品详情页在网店中的作用和它们所包含的基本元素，并可以利用 PhotoShop 快速完成制作。

3. 对商品图片做主题式的创意处理。

4. 知道店铺收藏图标的作用和常见的设计方法。

5. 知道客服中心模块的用途和包含的元素，并能够快速完成制作。

6. 利用书籍、网络获取需要的相关资料。

7. 正确表达、沟通和全面获取美工设计的准确信息。

8. 有良好的职业道德和敬业精神。

9. 有团队意识，能妥善处理人际关系。

四、学习组织形式与方法

亲爱的同学：

你好！欢迎你学习网店美工课程！

与你过去使用的传统教材相比，本书是一种全新的学习材料，它能帮助你更好地了解未来的工作及其要求。通过这本活页式教材，学习如何完成网店建设中重要的、典型的工作，促进你的综合职业能力发展，使你有可能在短时间内成为网店美工的技术能手！在正式开始学习之前，请你仔细阅读以下内容，了解即将开始的全新教学模式，做好学习准备。

1. 主动学习

在学习过程中，你将获得与以往完全不同的学习体验，你会发现本课程与传统课堂讲授为主的教学有着本质的区别——你是学习的主体，自主学习将成为本课程的主旋律。工作能力只有亲自实践才能获得，而不能依靠教师的知识传授与技能指导。在工作过程中获取的知识最为牢固，而教师在你的学习和工作过程中只能做方法的指导，为你的学习与工作提供帮助。比如，教师可以传授如何在线搜索素材，解释色彩搭配的注意事项，教你如何运用 PhotoShop 制作图片等。但在学习中，这些都是外因，主动学习与工作才是内因，外因只能通过内因起作用。你想成为网店美工领域的技术能手，必须主动、积极、亲自去完成从理念到成品直至整个店铺设计过程，通过完成工作任务学会工作。主动学习将伴随你的职业生涯，可以使你快速适应新工艺、新技术。

2. 用好工作活页

首先，你要深刻理解学习情境的每一个学习目标，用目标指导学习并评价学习效果；其次，要明确学习内容的结构，在引导问题帮助下，尽量独自学习并完成包括填写工作活页内容等整个学习任务，可以在教师和同学的帮助下，通过查阅相关资料，学习重要的工作过程知识；再次，应当积极参与小组讨论，尝试解决复杂和综合性的问题，进行工作质量的自检和小组互检，并注意操作规范和整体要求，在多种技术实践活动中形成自己的技术思维方式；最后，在完成一个工作任务后，反思是否有更好的方法或更少的时间来完成工作目标。

3. 团队协作

课程的每个学习情境都是一个完整的工作过程，大部分的工作需要团队协作才能完成。教师会帮助大家划分学习小组，但要求各小组成员在组长的带领下，制定可行的学习与工作计划；并合理安排学习与工作时间，分工协作，互相帮助，互相学习；广泛开展交流，大胆发表观点和见解，按时、保质、保量地完成任务。你是小组中的一员，你的参与和努力是团队完成任务的重要保证！

4. 把握好学习过程和学习资源

学习过程是由学习准备、计划与实施和评价反馈所组成的完整过程。要养成理论与实践紧密结合的习惯。教师引导、同学交流、学习中的观察与独立思考、动手操作和评价反思都是专业技术学习的重要环节。

参阅每个学习任务结束后所列的相关知识点,也可以通过图书馆、互联网等途径获得更多的专业技术信息。这将为你的学习与工作提供更多的帮助和技术支持,拓宽视野。

你在职业院校的核心任务是在学习中学会工作,这要通过在工作中学会学习来实现。学会学习和学会工作是教师对你的期待。也希望你把学习感受反馈给教师,以便教师能更好地为你提供教学服务。

预祝你学习取得成功,早日成为网店美工领域的技术能手!

尊敬的老师:

您好!感谢您选择《网店美工》这本活页式教材!

本教材是针对电子商务网店美工职业类型工作任务学习领域课程开发的活页式教材,是一本强调学生主动学习和有效学习的新教材。它的特点是在学习与工作一体化的情境下,引领学生完成网店美工这一职业典型工作任务,使其经历完整的学习与工作过程,在培养学生专业能力的同时,促进其关键能力和提高综合素质,从而发展学生的综合职业能力。

为对您的教学有所帮助,在教学实施过程中,有如下建议:

1. 教师作用与有效教学

本课程的实施有以下要求。在教学组织与实施方面,需要您组建教学团队。构建和改善教学环境,以实现工作过程系统化的教学;在指导学生的学习时,请您尽量改善学生的学习环境,为学生提供学习资源,充分调动学生学习的主动性,让学生在小组合作与交流的氛围中,尽可能通过亲自实践来学习,并加强学习过程的质量控制。您的耐心指导和有效的管理将使学生的学习更加有效。

2. 学习目标与学业评价

学习目标反映学生完成学习任务后预期达到的能力和水平,包含专业能力与关键能力,既有针对本学习任务的过程和结果的质量要求,也有对今后完成实际工作任务的要求。每个学习目标都要落实到具体的教学活动中。对学生的学业评价要在学习过程中体现。您可以通过学生的自评、小组同学的互评及您的检查与评价实现对学生学业的综合评价。

3. 学习内容与活动设计

本课程的学习内容是一体化的学习任务。在教学时,教师可以根据当前的实际情况,设计或者从企业引进真实的案例,作为教学的载体。重要的是,要建立任务完成与知识学习之间的内在联系,将完成工作任务的整个过程分解为一系列可以让学生独立学习和工作的相对完整的教学活动,这些活动可以依据实际教学情况来设计。在实施时,

要充分相信学生并发挥学生的主体作用,与他们共同完成活动过程的质量控制。

4. 教学方法与组织形式

本课程倡导行动导向的教学,通过问题的引导,促进学生主动思考和学习。请您根据学习情境所需的工作要求,组建学习小组。学生共同完成工作任务。分组时请注意兼顾学生的学习能力、性格和态度等个体差异,以自愿为原则。

5. 其他建议

本活页式教材的教学须在工学结合一体化的真实环境或仿真环境里完成。建议您在教学过程中,加强对教学环境的管理,强调按照操作规程安全、文明施工,做好安全与健康防范预案。

希望这本活页式教材使您的教学更为有效!

五、学习情境设计

在情境教学的实施过程中,需要完成店标、店招、广告轮播图、产品详情页、商品图片创意处理、店铺收藏图标、客服中心模块等设计的知识和技能。学习情境设计如下:

序列	学习情境	学习任务简介	学时
1	店标设计	店标的意义、类型和制作规范	6
2	店招设计	店招的意义、内容、元素、类型、尺寸格式、设计规范、应用	8
3	广告轮播图设计	广告轮播图的意义、类型、规范、尺寸	12
4	产品详情页设计	详情页的意义、功能、构成、制作规范	12
5	商品图片创意处理	熟悉图片参数、活动详情、电商平台图片规范	12
6	店铺收藏图标设计	收藏图片功能、元素、应用场景	6
7	客服中心模块设计	客服中心模块的作用、参数、制作规范	6

六、学业评价

1. 学习情境评价

每个模块由基础任务和拓展任务两个部分组成。基础任务权重为60%,按照学生完成学习情境的成绩评定,作为学生学习情境基础任务评价成绩,分为学生自评、组长评价、小组互评、教师评价四个部分。学生自评计10分,占10%;组长评价计20分,占20%;小组互评计30分,占30%;教师评价计40分,占40%。拓展任务权重为40%计算。

2. 课程综合评价

课程学习结束,按照本课程学习情境在整个课程中权重完成课程综合评价。

《网店美工》课程学生学业评价汇总表

学生姓名					
学号					
学习情境	学习情境评价			权重	计分
	基础任务权重60%	拓展任务权重40%	计分		
1 店标设计				10%	
2 店招设计				15%	
3 广告轮播图设计				20%	
4 产品详情页设计				25%	
5 商品图片创意处理				10%	
6 店铺收藏图标设计				10%	
7 客服中心模块设计				10%	
课程综合评价					

目录 CONTENTS

学习情境 1　店标设计

学习情境描述 1-1
学习目标 1-1
任务书 1-1
任务分组 1-2
获取信息 1-2
工作计划 1-3
工作实施 1-3
评价反馈 1-7
相关知识点 1-10
能力拓展 1-10

学习情境 2　店招设计

学习情境描述 2-1
学习目标 2-1
任务书 2-1
任务分组 2-2
获取信息 2-2
工作计划 2-3
工作实施 2-4
评价反馈 2-7
相关知识点 2-9
能力拓展 2-10

学习情境 3 广告轮播图设计

学习情境描述	3-1
学习目标	3-1
任务书	3-1
任务分组	3-2
获取信息	3-2
工作计划	3-3
工作实施	3-4
评价反馈	3-7
相关知识点	3-9
能力拓展	3-10

学习情境 4 产品详情页设计

学习情境描述	4-1
学习目标	4-1
任务书	4-1
任务分组	4-2
获取信息	4-2
知识链接	4-2
工作计划	4-4
工作实施	4-5
评价反馈	4-11
相关知识点	4-13
能力拓展	4-14

学习情境 5 商品图片创意处理

学习情境描述	5-1
学习目标	5-1
任务书	5-1
任务分组	5-2
获取信息	5-2
知识链接	5-3
工作计划	5-9

工作实施……………………………………………………………5-10
评价反馈……………………………………………………………5-15
相关知识点…………………………………………………………5-17
能力拓展……………………………………………………………5-17

学习情境 6 店铺收藏图标设计

学习情境描述………………………………………………………6-1
学习目标……………………………………………………………6-1
任务书………………………………………………………………6-1
任务分组……………………………………………………………6-2
获取信息……………………………………………………………6-2
工作计划……………………………………………………………6-3
工作实施……………………………………………………………6-3
评价反馈……………………………………………………………6-8
相关知识点…………………………………………………………6-10
能力拓展……………………………………………………………6-10

学习情境 7 客服中心模块设计

学习情境描述………………………………………………………7-1
学习目标……………………………………………………………7-1
任务书………………………………………………………………7-1
任务分组……………………………………………………………7-2
获取信息……………………………………………………………7-2
工作计划……………………………………………………………7-3
工作实施……………………………………………………………7-3
评价反馈……………………………………………………………7-7
相关知识点…………………………………………………………7-9
能力拓展……………………………………………………………7-10

学习情境 1　店标设计

学习情境描述

所谓店标就是店铺标志的简称。作为店铺形象的标识,优秀的店标可以体现店铺商品的特征和店铺的风格、特色。具有独特个性的店标,可以吸引顾客的关注,从而加深其对店铺的印象。因此,店标也是展示店铺的重要手段之一。形象的店标可以让消费者记住公司主题和品牌文化。店标设计也是各种各样的,有文字店标、图形店标、图像店标,还有结合广告语的店标。

学习目标

1. 知识目标
(1) 了解店标的作用,知道店标的组成元素。
(2) 了解店标制作的技术规范和法律要求。
(3) 了解店标的类型。
2. 技能目标
(1) 能熟练应用 PhotoShop 完成店标设计。
(2) 能熟练运用搜索引擎收集所需素材。
3. 素养目标
(1) 通过小组合作完成店标制作,培养团队协作精神。
(2) 通过查询店标制作规范,培养遵守电商法律法规的意识。
(3) 了解店标制作法规,强化版权意识。

任务书

王女士的手机配件网店做好了前期筹备工作,通过学习相关电商平台的开店规则,起好了店铺名称为"大拇指手机配件店"。现在需要设计制作此店铺名的店标。类型为静态店标,具体要求:尺寸为 400×400 像素,美观大方,简单易记,突出主题,颜色以蓝色调为主。请你帮助她完成店标的设计。

网店 美工

> **任务分组**

将学生按 4~6 人分组,明确组内工作任务,并填写表 1-1。

表 1-1 学生任务分配表

班级		组号		组名	
组长		学号			
组员及任务分工	姓名		学号	组内工作任务	

> **获取信息**

引导问题 1 店标设计的规范有哪些?
_____
_____

引导问题 2 店标的组成元素有哪些?
_____
_____
_____

> **小提示** ······················

利用搜索引擎搜索常见的品牌店标,观察其组成元素。

引导问题 3 店标的类型有哪些?
_____
_____
_____

引导问题 4 店标设计制作所需软件和素材有哪些?
_____

学习情境 1　店标设计

_____
_____

工作计划

每个同学提出自己的计划和方案,经小组讨论比较,得出 1～2 个备选方案。方案应该包括店标设计计划、店标概念、组成元素、制作规范、制作的具体流程等,填写表 1-2。

表 1-2　店标设计操作工作方案

班级：	小组：	组长：		
任务分析				
序号	工作任务	完成措施(步骤)	完成时间	责任人
1				
2				
3				
4				
5				
6				

引导问题 5　教师审查小组的实施方案并提出整改建议。小组进一步优化方案,确定最终实施方案,填写表 1-3。

表 1-3　制作工作方案前后对比

提出修改意见的成员	讨论前操作方案存在的不足	讨论后整理优化的方案

工作实施

引导问题 6　店标有哪些类型?组成元素有哪些?制作尺寸有何要求?

_____
_____
_____

网店 美工

> **小提示**
>
> 店标是指商品店面标识系统中可以被识别但不能用语言表达的部分,是店面标识的图形记号。店标分类有助于人们加强对店铺的认识,更有助于设计者根据各地的文化设计符合民族特色或通用特点的标识。店标主要分为静态店标和动态店标两大类,本书着重阐述静态店标的制作。静态店标一般有表音式、表形式、图画式、名称式、解释式、寓意式6种。

引导问题7 店标的作用是什么?店标设计过程中有哪些注意事项?

_____

_____

_____

> **小提示**
>
> (1)店标是公众识别商店的指示器 店标是一种视觉语言。它通过图案、颜色向消费者传输店铺信息,以达到识别店铺、促进销售的目的。
>
> (2)店标能够引发消费者产生商品联想 店标能够使消费者产生有关商店经营商品类别或属性的联想。
>
> (3)店标能够促使消费者产生喜爱的感觉 风格独特的标识能够刺激消费者产生幻想,从而对该商店产生好的印象。

实操步骤:

以王女士"大拇指手机配件店"为例,制作一个静态店标。初学阶段可以选择自己喜欢的店标作为模仿对象。

步骤01:打开PhotoShop,新建尺寸为400×400像素的文档,填充为蓝色(颜色值:♯009ad3,填充前景色快捷键为[Ctrl]+[Backspace],如图1-1所示。

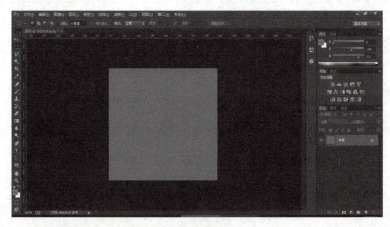

图1-1

步骤02:打开标尺([Ctrl]+[R]),在"视图"菜单中选择"新建参考线"。在弹出的对话框中选择"水平"并在"位置"处输入180像素。如果参考线的单位默认不是像素,可以在标尺上单击鼠标右键修改,如图1-2所示。

步骤03:打开素材图片1-1,利用"移动工具"将其拖拽到文档中,调整为合适大小([Ctrl]+[T]),将其下沿贴在水平参考线上,如图1-3所示。

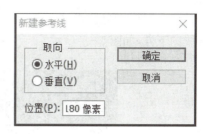

图1-2

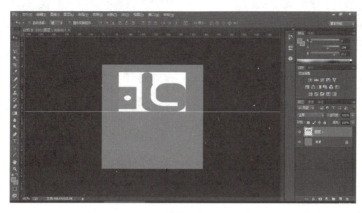

图1-3

步骤04:在工具箱中选择"魔棒工具",在属性栏中选择"添加到选区"按钮,如图1-4所示。分别选中素材图片1-1中白色区域后点击[Backspace]键,删除白色区域,如图1-5所示。

图1-4

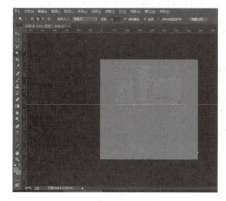

图1-5

图1-6

步骤05:单击"选择"菜单,在下拉菜单中选中"取消选择"按钮取消选区([Ctrl]+[D]);然后,再用"魔棒工具"单击素材图片左边部分,并填充颜色(#ff5a7d)。取消左边选区后,再利用"魔棒工具"单击素材图片右边部分,并填充为白色,效果如图1-6所示。

步骤06：利用"横排文字工具"输入"大拇指手机配件店"和拼音。然后，将其移动到参考线的下方，如图1-7所示。

图1-7

步骤07：在水平280像素处新建一条参考线，然后在工具箱中选择"直线工具"，沿着参考线绘制一条直线。属性设置如图1-8，效果如图1-9所示。

图1-8

图1-9

步骤08：利用"横排文字工具"在店铺名称下方输入店铺广告语，并用竖线分割，调整到白线下方，效果如图1-10所示。

步骤09：单击"文件"菜单，选中"存储为"按钮（[Ctrl]+[Shift]+[S]），在弹出的"另存为"对话框中选择保存类型为JPEG，然后单击【保存】按钮，如图1-11所示。最后的店标效果如图1-12所示。

学习情境 1　店标设计

图 1-10

图 1-11

图 1-12

▶注意　为了方便修改,建议保存店标制作的源文件。

引导问题 8　店标设计可以参考的素材网站有哪些?

_____

_____

_____

评价反馈

学生根据自己在项目完成中的表现自评,将结果填写到表 1-4 中。

表1-4　学生自评表

班级：	姓名：	所在小组：	学号：	
学习情境1	店标设计			
评价项目	评 价 标 准		分值	得分
搜索引擎的使用	能独立、准确搜索信息及数据处理		0.5	
店标组成要素	能准确说出店标所包含的组成要素		1	
店标设计的法律规范	明确店标设计中涉及的法律法规		0.5	
店标类别	能准确说出店标设计的常见类别		0.5	
店标设计素材搜集	知道常见素材的寻找方法并保存		1	
PhotoShop的使用	熟练使用PhotoShop进行设计		3	
工作态度	态度端正，无无故缺勤、迟到、早退		0.5	
工作质量	能按照老师要求及小组分工完成任务		1	
协调能力	能与小组成员、同学合作交流		0.5	
职业素质	做到谦虚、耐心、细心、倾听		0.5	
创新意识	店标设计有创新点		1	
合计			10	

组长根据小组成员在项目完成中的表现评价，将结果填写到表1-5中。

表1-5　组长评价表

班级：	小组：	组长：					
评价标准	分值	评价对象（填写成员姓名）					
积极参与项目制作	4						
与团队成员协作良好	4						
软件操作有提升	4						
保质保量完成任务	4						
服从工作调配	4						
合计							

学生以小组为单位，互评店标设计的过程与结果，小组得分即为成员得分，将互评结果填入表1-6中。

表1-6 小组互评表

学习情境1	店标设计												
评价项目	等级							评价对象(组别)					
								1	2	3	4	5	6
计划合理	优	3	良	2	中	1	差	0					
实施方案	优	3	良	2	中	1	差	0					
团队合作	优	3	良	2	中	1	差	0					
组织有序	优	3	良	2	中	1	差	0					
工作质量	优	3	良	2	中	1	差	0					
工作效率	优	3	良	2	中	1	差	0					
工作完整	优	3	良	2	中	1	差	0					
工作规范	优	3	良	2	中	1	差	0					
按图施工	优	3	良	2	中	1	差	0					
成果展示	优	3	良	2	中	1	差	0					
小组合计得分(总分为30分)													

教师对学生学习过程与学习结果按照表1-7标准进行综合评价。

表1-7 教师综合评价标准表

班级: 姓名: 学号:				
学习情境1		店标设计		
评价项目		评价标准	分值	得分
考勤(10%)		无无故迟到、早退、旷课现象	4	
工作过程(60%)	搜索引擎的使用	能独立、准确搜索信息及数据处理	2	
	店标组成要素	能准确说出店标所包含的组成要素	2	
	店标设计的法律规范	明确店标设计中涉及的法律法规	2	
	店标类别	能准确说出店标设计的常见类别	2	
	店标设计素材搜集	知道常见素材的寻找方法并保存	2	
	PhotoShop的使用	熟练使用PhotoShop进行设计	6	
	工作态度	态度端正,无无故缺勤、迟到、早退	2	
	工作质量	能按照老师要求及小组分工完成任务	1	
	协调能力	能与小组成员、同学合作交流	2	

续 表

评价项目		评价标准	分值	得分
	职业素质	做到谦虚、耐心、细心、倾听	2	
	创新意识	店标设计有创新点	2	
项目成果（30%）	工作完整	能按时完成任务	2	
	工作规范	能按规范要求施工	4	
	按图施工	能正确根据实施方案完成施工	4	
	成果展示	能准确表达、汇报工作成果	2	
合计			40	

教师对学生几项分数按照表1-8汇总，得到学生综合评分。

表1-8 学生综合得分表

综合评价	自评(10%)	组长评价(20%)	小组互评(30%)	教师评价(40%)	综合得分

相关知识点

利用 PhotoShop 制作店标的操作要点

要点1：新建符合尺寸要求的店标。

要点2：导入店标制作所需要的图片、文字素材，完成自由变换。

要点3：绘制店标所需形状并完成符合整体布局的尺寸变化和颜色填充。

要点4：输入店标标题，设置字体、字号、颜色、段落、字符间距等。

要点5：除了利用素材图片装饰外，还可以利用钢笔工具绘制店标所需不规则图形，填充颜色来装饰店标。

要点6：图层效果设置，如阴影、描边、浮雕效果、发光等。

要点7：完成制作后，按照要求保存店标。

能力拓展

自选主题（如服装类、超市类、家用电器类），查阅资料，起一个符合网店命名规则的店铺名字；然后，设计对应的店标。

完成以上练习，填写表1-9～1-12。

学习情境 1　店标设计

表 1-9　作品完成基本信息表

小组名					姓名			
完成主题	□服装类　□超市类　□家用电器类　□其他_____							
完成方式	□自主完成							
	□协作完成	学号	姓名	学号	姓名	学号	姓名
完成时间							
任务分工 （自主完成可 不填成员姓名）	成员姓名	具体任务						
预计完成效果	

表1-10 店铺起名完成情况表

采用工具	工具名称	工具作用

店铺起名规范	

店铺起名标杆分析	标杆名字	优点	缺点

店铺起名	店铺名称	名称说明

店标设计操作	

学习情境 1　店标设计

表 1-11　店标制作完成情况表

店标类别		
店标制作工具	工具名称	工具作用
店标制作步骤	步骤 1	
	步骤 2	
	步骤 3	
	步骤 4	
	步骤 5	
	步骤 6	
	步骤 7	
	步骤 8	
改进与不足		

表 1-12 拓展任务评价表

任务名称		店铺起名			
评价指标		分数	学生自评	组长评价	教师评价
是否符合法律要求		20			
是否符合平台规范		20			
是否体现店铺特点		20			
创新意识体现		20			
工具使用是否合理		20			
合计		100			
综合评分=(学生自评+组长评价+老师评价)/3					
任务名称		店标制作			
评价指标		分数	学生自评	组长评价	教师评价
是否符合法律要求		20			
是否符合平台规范		20			
是否体现店铺特点		20			
创新意识体现		20			
工具使用是否合理		20			
合计		100			
综合评分=(学生自评+组长评价+老师评价)/3					
拓展任务得分(以上任务平均分)					

学习情境 2 店招设计

学习情境描述

当顾客浏览网上店铺时,在店铺的上方就会出现店招。简单来说,网店的店招就是商店的招牌,跟实体店铺的招牌一样;从品牌推广的角度来看,都起到了品牌展示的作用。店招是店铺的品牌形象,代表着店铺的"脸面"。因此,店招设计至关重要。店招设计可以从店铺的产品、风格、形象、宣传推广等多个角度考虑。一个优秀的店招可以让顾客知晓店铺的名称、品牌、商品类型等信息。

学习目标

1. 知识目标
(1) 正确理解店招的作用及其组成元素。
(2) 了解店招制作的技术规范。
(3) 知道店招的类型。
2. 技能目标
(1) 能熟练应用 PhotoShop 完成店招设计。
(2) 能熟练运用搜索引擎收集所需素材。
3. 素养目标
(1) 通过小组合作完成店招制作,培养团队协作精神。
(2) 通过案例制作中图文排版、色彩搭配、装饰美化等操作提升审美能力。

任务书

王女士手机配件网店的店标设计完成了。店招使用的是电商平台中的默认样式。现在,王女士想设计一个美观大方且符合店铺特色的店招,具体要求:①尺寸为宽950像素,高150像素;②色彩搭配与店铺主色调协调一致;③组成元素中包含店标、主推产品图片、广告语、收藏按钮(收藏图标的制作见学习情境6)等;④整体搭配美观大方。请你帮助她完成店招的设计。

> 任务分组

将学生按 4~6 人分组，明确组内工作任务，并填写表 2-1。

表 2-1　学生任务分配表

班级		组号		组名	
组长		学号			
组员及任务分工	姓名	学号		组内工作任务	

> 获取信息

引导问题 1　什么是店招？

_____
_____
_____

> 小提示

利用搜索引擎搜索"店招""网店店招"等关键词，查阅文献和图片资料，了解店招的呈现形式；尝试总结店招的内涵并在小组内研讨。

引导问题 2　店招的组成元素有哪些？常见的类别有哪些？

_____
_____
_____

> 小提示

可以进入真实网店查看店招组成要素，总结归纳店招的一般组成要素和类别。一般而言，电子商务平台对于店招都有统一的尺寸要求，格式通常为 jpg 和 gif（即动态和静态）。店招的内容元素一般包括店铺名称、品牌、店标、广告词、商品图片、活动促销内容

学习情境 2　店招设计

等。店招设计中可以包含导航栏,也可以没有,但由于店招和导航通常排放在一起,需要注意二者的色彩搭配。

引导问题 3　店招设计的原则有哪些?
_____
_____

引导问题 4　店招设计的(法律)规范是什么?
_____
_____
_____

引导问题 5　店招设计制作所需要的软件和素材有哪些?
_____
_____
_____

工作计划

组内每个同学提出自己的计划和方案,经小组讨论比较,得出 1～2 个备选方案。方案应该包括店招设计计划、店招概念、组成元素、制作规范、制作的具体流程等,填写表 2-2。

表 2-2　店招设计操作工作方案

班级:	小组:	组长:		
任务分析				
序号	工作任务	完成措施(步骤)	完成时间	责任人
1				
2				
3				
4				
5				
6				

引导问题 6　教师审查小组的实施方案并提出整改建议。小组进一步优化方案,确定最终实施方案,填写表 2-3。

表2-3 制作工作方案前后对比

提出修改意见的成员	讨论前操作方案存在的不足	讨论后整理优化的方案

工作实施

引导问题7 店招组成元素有哪些？具体尺寸是多少？设计原则有哪些？用自己的语言描述出来。

_____
_____
_____

引导问题8 店招的作用是什么？店招设计中有哪些注意事项？

_____
_____
_____

小提示

店招设计注意事项：
（1）店招需要凸显品牌特性，让顾客一看到就知道销售什么产品。
（2）颜色不能过于复杂，需要保持整洁，不要使用太多的颜色，切忌太花哨。否则会让顾客产生视觉疲劳。
（3）视觉重点不需要太多，有1~2个即可。
（4）需要根据店铺的情况来分析，如大促阶段，可以重点突出促销信息。但是，店铺品牌也不能忽略。

实操步骤：
以王女士店铺店招制作为例，制作一个图文并茂的店招。
步骤01：利用PhotoShop新建一个尺寸为950×150像素的文档，背景色填充为白色，如图2-1所示。
步骤02：打开标尺（[Ctrl]+[R]），在"视图"菜单中选择"新建参考线"，在弹出的对话框中选择"水平"，并在"位置"处输入125像素。

学习情境 2　店招设计

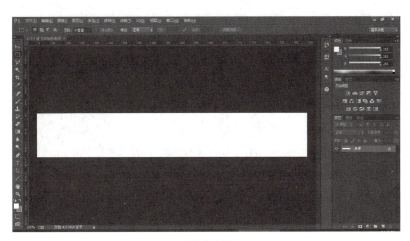

图 2-1

步骤 03：利用"矩形选框工具"沿着参考线下沿绘制一个矩形，并填充为粉色（♯ff5a7d），打开学习情境 1 完成的店标，并拖动到文档中，调整其大小到参考线上方，效果如图 2-2 所示。

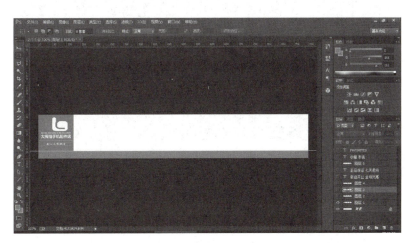

图 2-2

步骤 04：打开素材图片 2-1～2-3，拖动到文档中。利用自由变换工具调整其大小（[Ctrl]+[T]，注意调整大小时拖动图片的 4 个角可以等比例放大或缩小），摆放到合适的位置，效果如图 2-3 所示。

步骤 05：利用"横排文字工具"在文档中输入广告语"新店开业全场优惠 正品保证 七天退货"，并设置字体（可以安装特殊字体，但用于商业用途必须注意字体的版权）、字号、颜色，简单排版，效果如图 2-4 所示。

步骤 06：用"矩形工具"绘制一个 83×107 像素的矩形，属性设置如图 2-5 所示，填充颜色为蓝色（与店标背景色一致，保持色调一致性）；再利用"横排文字工具"输入"收藏本店 FAVORITES"，并简单排列，效果如图 2-6 所示。

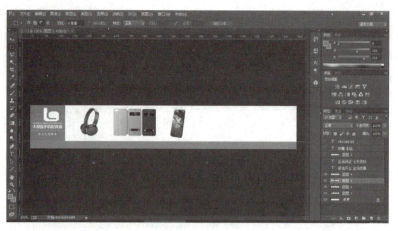

图 2-3

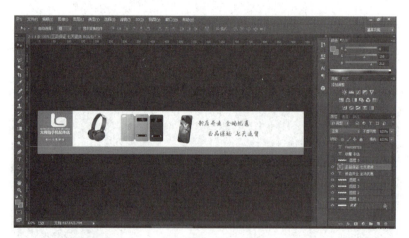

图 2-4

图 2-5

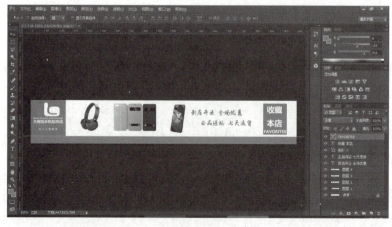

图 2-6

步骤07:再次用"横排文字工具"输入导航条内容(首页|手机壳|耳机|充电器|钢化膜|清洁剂|转接头|特色产品),中间用竖线作为装饰,删除参考线,效果如图2-7所示。

图2-7

引导问题9 店招设计可以参考的素材网站有哪些?

_____

_____

_____

评价反馈

学生根据自己在项目完成中的表现自评,将结果填写到表2-4中。

表2-4 学生自评表

班级:	姓名:	所在小组:	学号:

学习情境2	店招设计		
评价项目	评价标准	分值	得分
搜索引擎的使用	能独立、准确搜索信息及数据处理	0.5	
店招组成要素	能准确说出店招所包含的组成要素	1	
店招设计的法律规范	明确店招设计中涉及的法律法规	0.5	
店招类别	能准确说出店招设计的常见类别	0.5	
店招设计素材搜集	知道常见素材的寻找方法并保存	1	
PhotoShop的使用	熟练使用PhotoShop进行设计	3	
工作态度	态度端正,无无故缺勤、迟到、早退	0.5	
工作质量	能按照老师要求及小组分工完成任务	1	
协调能力	能与小组成员、同学合作交流	0.5	
职业素质	做到谦虚、耐心、细心、倾听	0.5	
创新意识	店招设计有创新点	1	
合计		10	

组长根据小组成员在项目完成中的表现评价,将结果填写到表2-5中。

表 2-5　组长评价表

班级：	小组：	组长：					
评价标准	分值	评价对象（填写成员姓名）					
积极参与项目制作	4						
与团队成员协作良好	4						
软件操作有提升	4						
保质保量完成任务	4						
服从工作调配	4						
合计							

学生以小组为单位，互评店招设计的过程与结果，小组得分即为成员得分，将互评结果填入表 2-6 中。

表 2-6　小组互评表

学习情境 2	店招设计											
评价项目	等级							评价对象（组别）				
								1	2	3	4	5	6
计划合理	优	3	良	2	中	1	差	0					
实施方案	优	3	良	2	中	1	差	0					
团队合作	优	3	良	2	中	1	差	0					
组织有序	优	3	良	2	中	1	差	0					
工作质量	优	3	良	2	中	1	差	0					
工作效率	优	3	良	2	中	1	差	0					
工作完整	优	3	良	2	中	1	差	0					
工作规范	优	3	良	2	中	1	差	0					
按图施工	优	3	良	2	中	1	差	0					
成果展示	优	3	良	2	中	1	差	0					
小组合计得分（总分为 30 分）													

教师对学生学习过程与学习结果按照表 2-7 标准进行综合评价。

表 2-7 教师综合评价标准表

班级：	姓名：	学号：		
学习情境 2		店招设计		
评价项目		评价标准	分值	得分
考勤(10%)		无无故迟到、早退、旷课现象	4	
工作过程 (60%)	搜索引擎的使用	能独立、准确搜索信息及数据处理	2	
	店招组成要素	能准确说出店招所包含的组成要素	2	
	店招设计的法律规范	明确店招设计中涉及的法律法规	2	
	店招类别	能准确说出店招设计的常见类别	2	
	店招设计素材搜集	知道常见素材的寻找方法并保存	2	
	Photoshop 的使用	熟练使用 Photoshop 进行设计	6	
	工作态度	态度端正,无无故缺勤、迟到、早退	2	
	工作质量	能按照老师要求及小组分工完成任务	1	
	协调能力	能与小组成员、同学合作交流	2	
	职业素质	能做到谦虚、耐心、细心、倾听	2	
	创新意识	店招设计有创新点	2	
项目成果 (30%)	工作完整	能按时完成任务	2	
	工作规范	能按规范要求施工	4	
	按图施工	能正确根据实施方案完成施工	4	
	成果展示	能准确表达、汇报工作成果	2	
合计			40	

教师对学生几项分数按照表 2-8 汇总,得到学生综合评分。

表 2-8 学生综合得分表

综合评价	自评(10%)	组长评价(20%)	小组互评(30%)	教师评价(40%)	综合得分

> 相关知识点

利用 PhotoShop 制作店招的操作要点：
要点 1:新建符合尺寸要求的店招。
要点 2:填充背景颜色(可以是纯色、渐变等)。
要点 3:导入店招制作所需要的图片、文字素材,并完成自由变换。

要点4：输入相关文字(如店铺名称、促销信息、店铺推广口号等)，然后设置字体、字号、颜色、段落、字符间距等。

要点5：利用移动工具调整图片、文字素材的整体布局。

要点6：给相应的图片去掉背景色(抠图处理)，给文字素材添加相应的效果(如阴影、描边、浮雕效果、发光等)。

要点7：完成制作后，按照要求保存店招。

能力拓展

1. 王女士准备在另一个平台开设分店，请再为王女士的店铺制作一个店招。
2. 自选店铺类别，制作一个店招，提交给任课教师。

完成以上练习，填写表2-9~2-12。

表2-9 作品完成基本信息表

小组名							姓名	
完成主题	□服装类　□超市类　□家用电器类　□其他_____							
完成方式	□自主完成							
	□协作完成	学号	姓名	学号	姓名	学号	姓名	
完成时间								
任务分工 (自主完成可 不填成员姓名)	成员姓名	具体任务						

学习情境 2　店招设计

完成步骤	第 1 步	
	第 2 步	
	第 3 步	
	第 4 步	
	第 5 步	
	第 6 步	
预计完成效果		

2-11

表 2–10　店招制作完成情况表

采用工具	工具名称	工具作用

店招制作规范	

店招制作标杆分析	标杆名字	优点	缺点

店招设计草图

表2-11　店招制作完成情况表

店招类别		
店招制作工具	工具名称	工具作用
店招制作步骤	步骤1	
	步骤2	
	步骤3	
	步骤4	
	步骤5	
	步骤6	
	步骤7	
	步骤8	
	步骤9	
	步骤10	
改进与不足		

表 2–12　拓展任务评价表

任务名称	店招制作			
评价指标	分数	学生自评	组长评价	老师评价
是否符合法律要求	20			
是否符合平台规范	20			
是否体现店铺特点	20			
创新意识体现	20			
工具使用是否合理	20			
合计	100			
综合评分＝(学生自评＋组长评价＋老师评价)/3				
拓展任务得分(以上任务平均分)				

学习情境 3　广告轮播图设计

学习情境描述

网店广告图设计是网店美工的重要工作内容之一,是必备的装修技巧。网店广告图经常放置在店招的下方,采取轮播图的形式。广告轮播是将多个产品宣传图片或者相关图片轮流播放来提高营销和宣传效果,利用最小的空间达到最大宣传效果。

学习目标

1. 知识目标
(1) 理解广告图的意义和用途。
(2) 知道广告图的组成元素和基本类型。
2. 技能目标
(1) 能熟练应用 PhotoShop 完成案例设计。
(2) 能运用搜索引擎收集案例设计所需素材。
(3) 能按照制作规范,与小组成员协作完成广告图制作并正确保存。
3. 素养目标
(1) 在广告图制作中培养精益求精的职业精神。
(2) 协作完成广告图制作,培养团队协作意识。

任务书

王女士手机配件网店开始了试运行,不过点击量不高。专业人士认为,还需要在网店主页面上设置产品广告图。王女士找到了你,想请你帮忙设计3张产品广告图,以便设置为产品广告轮播图。具体要求是:①尺寸为 950×350 像素;②色彩必须与店铺主色调保持一致;③广告图内容要突出产品特色和卖点,每一张广告图中至少有一个主推产品;④广告图中可以设置商品打折信息、广告语,突出店铺服务。请你帮助她完成广告图的设计。

网店 美工

任务分组

将学生按 4~6 人分组,明确组内工作任务,并填写表 3-1。

表 3-1 学生任务分配表

班级		组号		组名	
组长		学号			
组员及任务分工	姓名	学号		组内工作任务	

获取信息

引导问题 1 什么是广告图?

_____

_____

_____

小提示

利用搜索引擎搜索"广告图""网店广告图"等关键词,查阅相关的文献资料和图片资料,了解广告图的呈现形式。尝试自己总结广告图的内涵并在小组内研讨。

引导问题 2 观察图 3-1 所示的广告图,说出广告图的组成元素有哪些。

学习情境 3　广告轮播图设计

图 3-1

_____
_____

引导问题 3　收集 5 种不同类别店铺的广告图,分析其典型的组成元素有哪些,它们的共同点有哪些,填写表 3-2。

表 3-2　广告图对比分析表

序号	店铺类别	组成元素	共同点
1			
2			
3			
4			
5			

引导问题 4　广告图设计制作所需要软件和素材有哪些？寻找这些素材的网址有哪些？请罗列 1～3 个。

_____
_____
_____

工作计划

组内每个同学提出自己的计划和方案,经小组讨论比较,得出 1～2 个备选方案。方案应该包括广告图设计计划、广告图概念、组成元素、制作规范、制作的具体流程等,填写表 3-3。

表 3-3　广告图设计操作工作方案

班级：	小组：	组长：		
任务分析				
序号	工作任务	完成措施（步骤）	完成时间	责任人
1				
2				
3				
4				
5				
6				

引导问题 5　教师审查小组的实施方案并提出整改建议。小组进一步优化方案，确定最终实施方案，填写表 3-4。

表 3-4　制作工作方案前后对比

提出修改意见的成员	讨论前操作方案存在的不足	讨论后整理优化的方案

工作实施

引导问题 6　你打算设计的广告图组成元素有哪些？具体尺寸是多少？绘制在下方（可以用文字，可以绘制简图）。

简图 1

简图 2

简图 3

引导问题 7 广告图的作用是什么？广告图设计过程中有哪些注意事项？

_____

_____

实操步骤：

广告图制作常见步骤如下（以王女士店铺广告图制作为例）：

步骤 01：利用 PhotoShop 软件新建 950×350 像素文档，背景色填充为蓝色（♯009ad3）或者白色，注意与店铺主色调保持一致，效果如图 3-2 所示。

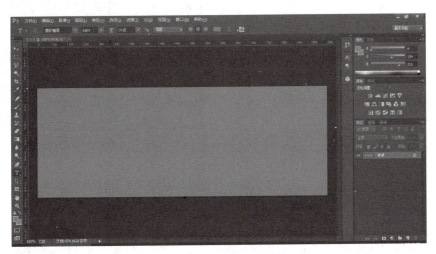

图 3-2

步骤 02：打开素材图片 3-1、3-2，利用"自由变换工具"（[Ctrl]+[T]），将素材图片调整到合适大小，并排版，如图 3-3 所示。

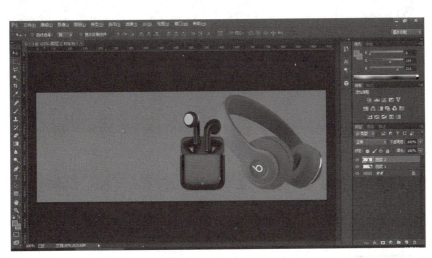

图 3-3

步骤03：分别在素材图层上单击右键，选择"混合选项"，再单击"投影"按钮，为素材图片添加投影。设置如图3-4所示（也可根据素材实际情况设置其他样式），最终效果如图3-5。

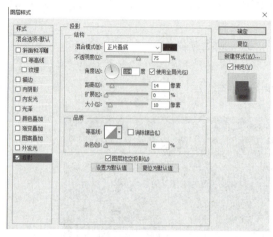

图3-4

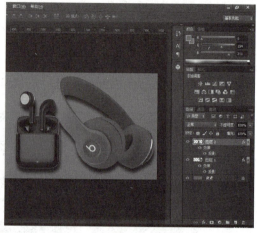

图3-5

步骤04：利用"横排文字工具"输入相应文字，设置字体（微软雅黑）、字号（48号和24号）、颜色（黄色值：#f6ff00），调整位置，如图3-6所示。

图3-6

步骤05：利用"矩形工具"在"到手价￥99元起"文字下方绘制一个矩形，属性设置如图3-7所示。然后，利用"横排文字工具"在新绘制的矩形框中输入文字，调整合适的字体字号，如图3-8所示。

图3-7

学习情境3　广告轮播图设计

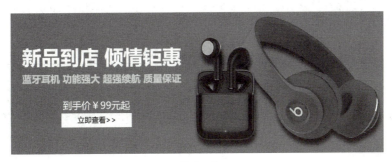

图 3-8

▶注意　广告图组成元素多种多样,可以在以上制作案例中添加不同的装饰元素让其更加美观。

引导问题 8　除了利用 PhotoShop 设计制作外,广告图设计有其他简单方法吗?

_____

_____

_____

评价反馈

学生根据自己在项目完成中的表现自评,将结果填写到表 3-5 中。

表 3-5　学生自评表

班级:　　　　姓名:　　　　所在小组:　　　　学号:			
学习情境 3	广告图设计		
评价项目	评价标准	分值	得分
搜索引擎的使用	能独立、准确搜索信息及数据处理	0.5	
广告图组成要素	能准确说出广告图所包含的组成要素	1	
广告图设计的注意事项	明确广告图设计中注意事项	0.5	
广告图类别	能准确说出广告图设计的常见类别	0.5	
广告图设计素材搜集	知道常见素材的寻找方法并保存	1	
PhotoShop 的使用	能熟练使用 PhotoShop 进行设计	3	
工作态度	态度端正,无无故缺勤、迟到、早退	0.5	
工作质量	能按照老师要求及小组分工完成任务	1	
协调能力	能与小组成员、同学合作交流	0.5	
职业素质	做到谦虚、耐心、细心、倾听	0.5	
创新意识	广告图设计有创新点	1	
合计		10	

组长根据小组成员在项目完成中的表现评价,将结果填写到表 3-6 中。

表 3-6 组长评价表

班级:	小组:	组长:				
评价标准	分值	评价对象(填写成员姓名)				
积极参与项目制作	4					
与团队成员协作良好	4					
软件操作有提升	4					
保质保量完成任务	4					
服从工作调配	4					
合计						

学生以小组为单位,互评广告图设计的过程与结果,小组得分即为成员得分,将互评结果填入表 3-7 中。

表 3-7 小组互评表

学习情境 3	广告图设计										
评价项目	等级						评价对象(组别)				
							1	2	3	4	5	6
计划合理	优	3	良	2	中	1	差	0				
实施方案	优	3	良	2	中	1	差	0				
团队合作	优	3	良	2	中	1	差	0				
组织有序	优	3	良	2	中	1	差	0				
工作质量	优	3	良	2	中	1	差	0				
工作效率	优	3	良	2	中	1	差	0				
工作完整	优	3	良	2	中	1	差	0				
工作规范	优	3	良	2	中	1	差	0				
按图施工	优	3	良	2	中	1	差	0				
成果展示	优	3	良	2	中	1	差	0				
小组合计得分(总分为 30 分)												

教师对学生学习过程与学习结果按照表 3-8 标准进行综合评价。

表 3-8 教师综合评价标准表

班级：	姓名：	学号：		
学习情境 3		广告图设计		
评价项目	评价标准		分值	得分
考勤(10%)	无无故迟到、早退、旷课现象		4	
工作过程 (60%)	搜索引擎的使用	能独立、准确搜索信息及数据处理	2	
	广告图组成要素	能准确说出广告图所包含的组成要素	2	
	广告图设计的注意事项	明确广告图设计中注意事项	2	
	广告图类别	能准确说出广告图设计的常见类别	2	
	广告图设计素材搜集	知道常见素材的寻找方法并保存	2	
	PhotoShop 的使用	能熟练使用 PhotoShop 进行设计	6	
	工作态度	态度端正，无无故缺勤、迟到、早退	2	
	工作质量	能按照老师要求及小组分工完成任务	1	
	协调能力	能与小组成员、同学合作交流	2	
	职业素质	做到谦虚、耐心、细心、倾听	2	
	创新意识	广告图设计有创新点	2	
项目成果 (30%)	工作完整	能按时完成任务	2	
	工作规范	能按规范要求施工	4	
	按图施工	能正确根据实施方案完成施工	4	
	成果展示	能准确表达、汇报工作成果	2	
合计			40	

教师对学生几项分数按照表 3-9 汇总，得到学生综合评分。

表 3-9 学生综合得分表

综合评价	自评(10%)	组长评价(20%)	小组互评(30%)	教师评价(40%)	综合得分

相关知识点

1. 利用 PhotoShop 制作广告图的操作要点：

要点 1：新建符合尺寸要求的广告图。

要点 2：填充背景颜色（常见颜色为店铺主色调、纯色、白色），还可以添加修饰色块和线条。

要点 3：导入广告图制作所需要的产品图片，并完成自由变换，将这些素材摆放到合适的位置。

要点 4：输入相关文字（如店铺名称、促销信息、店铺推广口号等），然后设置字体、字号、颜色、段落、字符间距、装饰线条等。

要点 5：利用移动工具调整图片、文字素材的整体布局。

要点 6：给相应的图片添加投影、发光等效果，给文字添加阴影、描边、浮雕效果、发光等效果（注意效果不是越多越好，必须注重整体美感）。

要点 7：完成制作后，按照要求保存广告图。

2. 广告图设计注意事项

轮播图通常位于首页顶部，有时也会在页面中间位置。以动态的形式为用户呈现多张图片，自动轮播的效果可以让每张图片得到较好的曝光。

位于首页顶部轮播图可提高广告商品、优质内容的曝光度，提高浏览到购买的转化率。中间部位轮播图可利用固定且较小的广告位展示更多的广告数量和内容。每张图片都支持点击跳转到新页面，可以是外部网站、应用程序内页或富文本。

（1）轮播规则

轮播图为动态呈现，每张图片停留时间、轮播方向均是在前端代码中设置的定时任务。而需要注意的是，图片停留时间尽量不要少于 3 秒。否则，用户还没有阅读到图片上全部信息，页面就已经切换了，造成不好的用户体验。如果图片上的内容过多，那么停留时间可延长，但不要超过 5 秒。因为用户看到第一张图片后，就很快会被其他内容吸引而离开，以至于后面的图片得不到曝光。具体每张图片应该停留多长时间，应该根据图片内容而定。还可通过内部测试，或其他实验方式，多次测试确定最佳停留时间。

轮播图通常自动向左滑动。在移动端，可以手动向左或向右划动，查看后一张或前一张图片。

（2）更新规则

轮播图内容具有跟踪实时热点和热度推荐的作用，更新的频率较高。更换轮播图内容有两种方式：一种是在前端代码中设置轮播图和跳转链接，更换时需要同时修改代码；另一种方法是在运营后台管理系统中配置轮播图的名称、定向投放、定时投放、顺序、图片、跳转链接等，比较灵活，方便运营人员操作。

（3）权重排序

动态内容通常比静态内容更吸引用户，图片比文字更吸引用户。在一个页面上，注意力权重比较：视频＞轮播图＞图片＞文字。

尽管轮播图更吸引用户注意，增加广告的曝光度，但其实用户并没有耐心等所有图片自动轮播完，就已经去其他页面，或者手指已经划走了。应该把最重要、最想呈现给用户的页面放在第一张，保证其最大的点击率。越往后的图片曝光机会越小，应该根据重要程度排序。

能力拓展

请你继续用 PhotoShop 软件为王女士的店铺制作 3 张不同产品的轮播图。

完成以上练习,填写表 3-9～3-12。

表 3-9　作品完成基本信息表

小组名								
			姓名					
完成主题	产品轮播图							
完成方式	□自主完成							
	□协作完成	学号	姓名	学号	姓名	学号	姓名	
完成时间								
任务分工 (自主完成可 不填成员姓名)	成员姓名			具体任务				
完成步骤	第 1 步							
	第 2 步							
	第 3 步							
	第 4 步							
	第 5 步							
	第 6 步							

续 表

完成步骤		

设计草图

学习情境 3　广告轮播图设计

表 3-10　轮播图制作完成情况表

采用工具	工具名称	工具作用
轮播图制作规范		

轮播图制作标杆分析	标杆名字	优点	缺点

轮播图设计草图
（3 张）

3-13

表 3-11 轮播图制作完成情况表

轮播图类别		
轮播图制作工具	工具名称	工具作用
轮播图制作步骤	步骤1	
	步骤2	
	步骤3	
	步骤4	
	步骤5	
	步骤6	
	步骤7	
	步骤8	
	步骤9	
	步骤10	
改进与不足		

表 3-12 拓展任务评价表

任务名称	轮播图制作(第 1 张)			
评价指标	分数	学生自评	组长评价	教师评价
是否符合法律要求	20			
是否符合平台规范	20			
是否体现店铺特点	20			
创新意识体现	20			
工具使用是否合理	20			
合计	100			
综合评分＝(学生自评＋组长评价＋教师评价)/3				
任务名称	轮播图制作(第 2 张)			
评价指标	分数	学生自评	组长评价	教师评价
是否符合法律要求	20			
是否符合平台规范	20			
是否体现店铺特点	20			
创新意识体现	20			
工具使用是否合理	20			
合计	100			
综合评分＝(学生自评＋组长评价＋教师评价)/3				
任务名称	轮播图制作(第 3 张)			
评价指标	分数	学生自评	组长评价	教师评价
是否符合法律要求	20			
是否符合平台规范	20			
是否体现店铺特点				
创新意识体现	20			
工具使用是否合理	20			
合计	100			
综合评分＝(学生自评＋组长评价＋教师评价)/3				
拓展任务得分(以上任务平均分)				

学习情境 4　产品详情页设计

学习情境描述

店铺首页能够用于店铺的整体推广，商品的宣传、促销介绍，但不能看到商品的具体信息。展示商品具体信息的页面是产品详情页，详情页在商品的销售中起着非常重要的作用。产品详情页上可以看到产品的文字介绍、图片、具体描述、视频展示等信息，是店铺展示商品形貌特征和功能的重要页面。

详情页要通过图片和文字的配合，将产品的外观、功能、特色、品质等信息描述出来。设计美观、文案优秀的描述介绍，可以大大减少客服人员的咨询工作量，让顾客对商品产生兴趣。

学习目标

1. 知识目标
(1) 能说出产品详情页的组成要素。
(2) 知道产品详情页的作用。
(3) 熟悉产品详情页制作规范。
2. 能力目标
(1) 能使用 PhotoShop 完成产品详情页设计。
(2) 通过小组讨论和老师的指导，制作产品详情页的一般模板。
3. 素养目标
(1) 通过产品详情页制作中色彩搭配、图文混排等操作，提升审美能力。
(2) 通过产品详情页和一般模板制作，培养归纳总结能力。

任务书

为了增加网店产品的吸引力，让每一位进入店铺的顾客都能够全面了解产品，为顾客营造良好的购物体验，王女士想设计一个符合店铺特色的产品详情页，并最终形成店铺产品详情页的通用模板。具体要求有：①尺寸为宽度 950 像素，高度根据实际情况设置，但是最好不超过 3 屏长度；②有产品的基本信息、细节展示、全面展示等；③有客户购买后的评价展示;④有售后服务相关信息;⑤图片、文字搭配美观,色彩运用符合店铺整体风格;⑥形成通用型模板。请你帮助她完成产品详情页的设计。

任务分组

将学生按 4～6 人分组,明确组内工作任务,并填写表 4-1。

表 4-1 学生任务分配表

班级		组号		组名	
组长		学号			
组员及任务分工	姓名	学号	组内工作任务		

获取信息

引导问题 1 什么是产品详情页?

_____
_____
_____

小提示

利用搜索引擎搜索"产品详情页""详情页设计"等关键词,查阅相关的文献资料和图片资料,了解产品详情页的呈现形式。尝试自己总结产品详情页的内涵并在小组内研讨。

引导问题 2 观察产品详情页图片,说出产品详情页的组成元素有哪些,一般分为哪几个板块。

_____
_____

知识链接

产品详情页的一般构成见表 4-2。

表4-2 产品详情页的一般构成框架

	模块	作用
一	创意海报情境大图	根据前三屏3秒注意力原则,开头的图是视觉焦点,背景应该采用能够展示品牌调性以及产品特色的意境图,可以立即吸引买家注意力
二	内容1:宝贝卖点/特性 内容2:宝贝卖点/作用/功能 内容3:宝贝给消费者带来的好处	根据FAB法则排序:F(特性)→A(作用)→B(好处) feature(特性):产品品质,如服装布料、设计的特点,即一种产品能看得到、摸得着且与众不同的东西。 advantage(作用):由特性引发的用途,如服装的独特之处,就是这种属性将会给客户带来的作用或优势。 benefit(好处):指作用或者优势会给客户带来的利益,对客户的好处(因客而异)
三	宝贝规格参数/信息	产品的可视化尺寸设计,可以采用实物与产品对比,让顾客切身体验到宝贝实际尺寸,以免收到货发现低于心理预期
四	同行产品优劣对比	产品优劣PK:通过对比强化宝贝卖点,不断向消费者阐述
五	模特/产品全方位展示	产品展示以主推颜色为主。服装类的产品要提供模特的三围、身高信息。最好放置一些买家真人秀的模块,拉近与消费者的距离,让消费者了解产品是否适合
六	产品细节图片展示	细节图片要清晰、富有质感,附带文案介绍
七	评价、保障模块	他人评价展示可以让客户了解产品优缺点(主要是优点,增加客户购买欲望);保障模块可以增加客户购买产品的信心

▶注意 详情页不一定包含表4-1中的所有模块,有些板块可以合并制作。各版块的顺序也可以适当调整。

引导问题3 宝贝详情页的作用是什么?

_____
_____

引导问题4 如何做好产品详情页设计前的市场调查?

_____
_____
_____

小提示

设计宝贝详情页之前要充分进行市场调查。比如,开展同行业调查,尽量规避同款。也要做好消费者调查,分析消费者人群、消费能力、消费的喜好以及顾客购买所在意的问题等。

网店 美工

> 1. 如何调查
>
> 通过淘宝指数(shu.taobao.com)可以清楚地查到消费者的喜好以及消费能力、地域等数据。学会利用这些数据对优化详情页很有帮助。还可以通过"生e经"等付费软件了解更多信息。
>
> 2. 如何了解消费者最在意的问题
>
> 答案可以去宝贝评价里面找,在买家评价里面可以挖掘很多有价值的信息,了解买家的需求,购买后遇到的问题等。针对这些问题,有目的地设计产品详情页。

引导问题 5 根据市场调查结果,罗列消费者所在意的问题、同类产品的优缺点、自己产品的定位、与众不同的卖点。

_____
_____

引导问题 6 产品详情页设计制作所需软件和素材有哪些?

_____
_____
_____

工作计划

组内每个同学提出自己的计划和方案,经小组讨论比较,得出1~2个备选方案。方案应该包括详情页设计计划、详情页概念、组成元素、制作规范、制作的具体流程等,填写表4-3。

表4-3 详情页设计操作工作方案

班级:	小组:	组长:		
任务分析				
序号	工作任务	完成措施(步骤)	完成时间	责任人
1				
2				
3				
4				
5				
6				

引导问题 7 教师审查小组的实施方案并提出整改建议。小组进一步优化方案,确定最

学习情境 4　产品详情页设计

终实施方案,填写表 4-4。

表 4-4　制作工作方案前后对比

提出修改意见的成员	讨论前操作方案存在的不足	讨论后整理优化的方案

工作实施

引导问题 8　产品详情页设计过程中有哪些注意事项?

_____

_____

_____

实操步骤:

下面以王女士店铺的产品详情页制作为例,展示详情页制作的一般步骤。产品详情页制作涉及的模块较多,小组内可以分工合作。为了更好展示详情页制作方法,本案例将按先分模块制作再合成的方式。特别要注意色调的一致性,否则在将各版块合成后会不协调。

模块 1:创意海报情境大图

创意海报情境大图类似于广告图制作,此处只作简要介绍。

步骤 01:利用 PhotoShop 新建一个尺寸为 950×350 像素的文档,背景色为蓝色(♯009ad3)。打开素材 4-1,用"移动工具"将其拖拽到新建的文档中,调整大小。利用"橡皮擦工具"擦除素材图片白色部分。然后,摆放到适当位置,如图 4-1 所示。

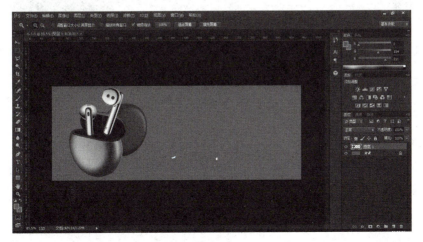

图 4-1

步骤02：利用"横排文字工具"输入相应文字，设置好字体、字号、颜色等信息，效果如图4-2所示。

图4-2

模块2：规格参数

规格参数模块主要呈现的是产品的基本参数信息，一般用表格的形式展示。但是表格绘制并不是PhotoShop的强项，因此，特别要注意制作的先后顺序。

步骤01：利用PhotoShop新建950×300像素的文档，利用"横排文字工具"，按照"规格参数"素材文字要求，输入相应文字。设置字体（微软雅黑）、字号（12号），效果如图4-3所示。

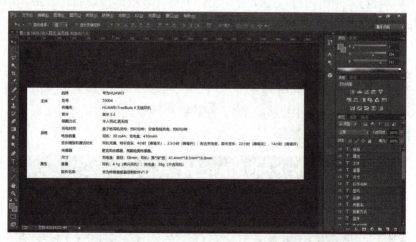

图4-3

在多行文字输入时，往往采用"对齐方式"按钮简化操作流程。首先选中要统一对齐的文字图层（选中第1层，按住[Shift]键再单击要选中的最后一层，可以选中连续的图层）；然后，属性栏中出现对齐快捷菜单，如图4-4所示，完成对齐操作。

图4-4

步骤 02：利用“直线工具”，属性设置如图 4－5 所示(无填充，描边颜色为蓝色，描边宽度为 4 像素)。按住[Shift]键，拖动鼠标左键绘制直线，如图 4－6 所示。

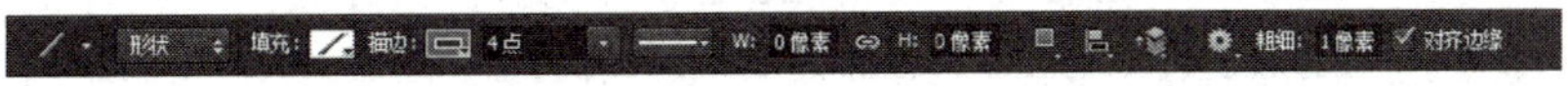

图 4－5

	品牌	华为HUAWEI
主体	型号	T0004
	传播名	HUAWEI FreeBuds 4 无线耳机
	蓝牙	蓝牙 5.2
	佩戴方式	半入耳式,真无线
	充电时间	盒子给耳机充电：约60分钟；空盒有线充电：约60分钟
规格	电池容量	耳机：30 mAh；充电盒：410mAh
	音乐播放和通话时长	耳机充满，聆听音乐：4小时（降噪关），2.5小时（降噪开）；配合充电盒，聆听音乐：22小时（降噪关），14小时（降噪开）
	传感器	麦克风传感器，佩戴检测传感器。
	尺寸	充电盒：直径：58mm；耳机：高*深*宽：41.4mm*18.5mm*16.8mm
属性	重量	耳机：4.1g（单只耳机）；充电盒：38g（不含耳机）
	软件名称	华为终端音频器控制软件V1.0

图 4－6

步骤 03：选中“直线图层”，再复制一个直线图层([Ctrl]＋[T])。然后，利用“移动工具”拖动直线到恰当的位置，将参数的 3 个板块隔离开，效果如图 4－7 所示。

	品牌	华为HUAWEI
主体	型号	T0004
	传播名	HUAWEI FreeBuds 4 无线耳机
	蓝牙	蓝牙 5.2
	佩戴方式	半入耳式,真无线
	充电时间	盒子给耳机充电：约60分钟；空盒有线充电：约60分钟
规格	电池容量	耳机：30 mAh；充电盒：410mAh
	音乐播放和通话时长	耳机充满，聆听音乐：4小时（降噪关），2.5小时（降噪开）；配合充电盒，聆听音乐：22小时（降噪关），14小时（降噪开）
	传感器	麦克风传感器，佩戴检测传感器。
	尺寸	充电盒：直径：58mm；耳机：高*深*宽：41.4mm*18.5mm*16.8mm
属性	重量	耳机：4.1g（单只耳机）；充电盒：38g（不含耳机）
	软件名称	华为终端音频器控制软件V1.0

图 4－7

步骤 04：利用步骤 03 的方法，绘制更多的直线，组成表格，最终效果如图 4－8 所示。

	品牌	华为HUAWEI
主体	型号	T0004
	传播名	HUAWEI FreeBuds 4 无线耳机
	蓝牙	蓝牙 5.2
	佩戴方式	半入耳式,真无线
	充电时间	盒子给耳机充电：约60分钟；空盒有线充电：约60分钟
规格	电池容量	耳机：30 mAh；充电盒：410mAh
	音乐播放和通话时长	耳机充满，聆听音乐：4小时（降噪关），2.5小时（降噪开）；配合充电盒，聆听音乐：22小时（降噪关），14小时（降噪开）
	传感器	麦克风传感器，佩戴检测传感器。
	尺寸	充电盒：直径：58mm；耳机：高*深*宽：41.4mm*18.5mm*16.8mm
属性	重量	耳机：4.1g（单只耳机）；充电盒：38g（不含耳机）
	软件名称	华为终端音频器控制软件V1.0

图 4－8

步骤 05：还可以利用“矩形工具”在表格外围绘制一个矩形方框(无填充，边框为蓝色)作为修饰，效果如图 4－9 所示。

图 4-9

模块 3：产品卖点特性

步骤 01：利用 PhotoShop 新建 950×500 像素的文档，背景为白色。

步骤 02：将素材图片 4-2 导入文档，调整合适大小后放置在左边。设置图片的大小要考虑最后合成时上下两个模块之间的空间，尽量将图片放大。然后，利用"横排文字工具"输入文字，设置好字体、字号、排版，效果如图 4-10 所示。

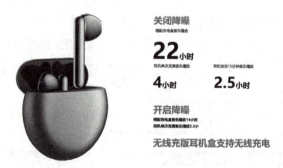

图 4-10

模块 4：给消费者带来的好处

步骤 01：利用 PhotoShop 新建尺寸为 950×600 像素的文档。打开素材图片 4-3，利用"移动工具"将其拖入文档中，调整至大小合适，并放置在文档底端，效果如图 4-11。

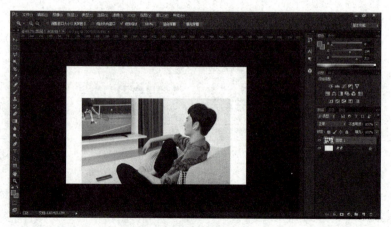

图 4-11

步骤02:利用"横排文字工具"输入文字,调整字体、字号、颜色(注意与其他板块的字体、字号、颜色匹配),效果如图4-12所示。

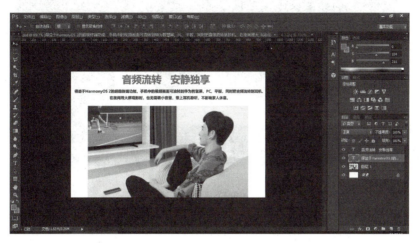

图 4-12

步骤03:采用步骤02的操作方法,用素材图片4-4、4-5分别制作同类图片,最终效果如图4-13、4-14。

图 4-13

图 4-14

模块5:产品类别

步骤01:利用 PhotoShop 新建尺寸为950×380像素的文档。打开素材图片4-6,利用"移动工具"将其拖入文档中,调整大小至合适,效果如图4-15。

步骤02:利用"横排文字工具"输入文字,设置好字体、字号、颜色,效果如图4-16。

模块6:店铺保障及售后

步骤01:利用 PhotoShop 新建尺寸为 950×150 像素的文档,填充背景色为灰色(♯eaeaea),效果如图4-17。

图 4-15

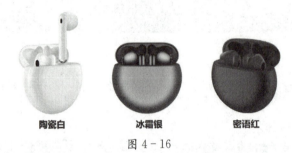

图 4-16

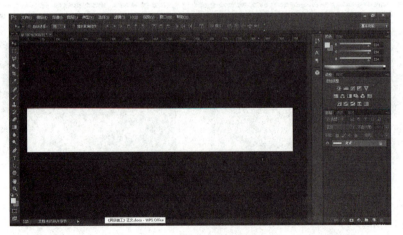

图 4-17

步骤 02：利用"多边形工具"绘制一个六边形，属性设置（无填充，描边为蓝色，宽度为 4 像素）如图 4-18 所示。

图 4-18

步骤03:绘制好六边形后,将其旋转90°。然后,利用"横排文字工具"输入文字,设置字体(微软雅黑)、字号(17.5号)、颜色(蓝色),效果如图4-19所示。

图4-19

完成各大模块制作后,将设计好的模块组合起来。首先,利用PhotoShop新建一个950×3 480像素的文档(高度是各大模块高度之和)。然后,将制作好的各大模块分别拖放到新文档中。

本案例只涉及详情页制作的部分模块,学习者可以根据实际需要继续添加其他模块(如同类产品对比、模特展示产品、产品细节图展示、消费者好评展示等)。

评价反馈

学生根据自己在项目完成中的表现自评,将结果填写到表4-5中。

表4-5 学生自评表

班级:	姓名:	所在小组:	学号:	
学习情境4		详情页设计		
评价项目	评 价 标 准		分值	得分
搜索引擎的使用	能独立、准确搜索信息及数据处理		0.5	
详情页组成要素	能准确说出详情页所包含的组成要素		1	
详情页设计的注意事项	明确详情页设计中注意事项		0.5	
详情页类别	能准确说出详情页设计的常见类别		0.5	
详情页设计素材搜集	知道常见素材的寻找方法并保存		1	
PhotoShop的使用	能熟练使用PhotoShop进行设计		3	
工作态度	态度端正,无无故缺勤、迟到、早退		0.5	
工作质量	能按照老师要求及小组分工完成任务		1	
协调能力	能与小组成员、同学合作交流		0.5	
职业素质	做到谦虚、耐心、细心、倾听		0.5	
创新意识	详情页设计有创新点		1	
合计			10	

组长根据小组成员在项目完成中的表现评价,将结果填写到表4-6中。

表4-6 组长评价表

班级: 小组: 组长:							
评价标准	分值	评价对象(填写成员姓名)					
积极参与项目制作	4						
与团队成员协作良好	4						
软件操作有提升	4						
保质保量完成任务	4						
服从工作调配	4						
合计							

学生以小组为单位,互评详情页设计的过程与结果,小组得分即为成员得分,将互评结果填入表4-7中。

表4-7 小组互评表

学习情境4	详情页设计											
评价项目	等级							评价对象(组别)				
								1	2	3	4	5	6
计划合理	优	3	良	2	中	1	差	0					
实施方案	优	3	良	2	中	1	差	0					
团队合作	优	3	良	2	中	1	差	0					
组织有序	优	3	良	2	中	1	差	0					
工作质量	优	3	良	2	中	1	差	0					
工作效率	优	3	良	2	中	1	差	0					
工作完整	优	3	良	2	中	1	差	0					
工作规范	优	3	良	2	中	1	差	0					
按图施工	优	3	良	2	中	1	差	0					
成果展示	优	3	良	2	中	1	差	0					
小组合计得分(总分为30分)													

教师对学生学习过程与学习结果按照表4-8标准进行综合评价。

表 4-8 教师综合评价标准表

班级:	姓名:	学号:		
学习情境 4		详情页设计		
评价项目		评价标准	分值	得分
考勤(10%)		无无故迟到、早退、旷课现象	4	
工作过程 (60%)	搜索引擎的使用	能独立、准确搜索信息及数据处理	2	
	详情页组成要素	能准确说出详情页所包含的组成要素	2	
	详情页设计的注意事项	明确详情页设计中注意事项	2	
	详情页类别	能准确说出详情页设计的常见类别	2	
	详情页设计素材搜集	知道常见素材的寻找方法并保存	2	
	PhotoShop 的使用	能熟练使用 PhotoShop 进行设计	6	
	工作态度	态度端正,无无故缺勤、迟到、早退	2	
	工作质量	能按照老师要求及小组分工完成任务	1	
	协调能力	能与小组成员、同学合作交流	2	
	职业素质	做到谦虚、耐心、细心、倾听	2	
	创新意识	详情页设计有创新点	2	
项目成果 (30%)	工作完整	能按时完成任务	2	
	工作规范	能按规范要求施工	4	
	按图施工	能正确根据实施方案完成施工	4	
	成果展示	能准确表达、汇报工作成果	2	
合计			40	

教师对学生几项分数按照表 4-9 汇总,得到学生综合评分。

表 4-9 学生综合得分表

综合评价	自评(10%)	组长评价(20%)	小组互评(30%)	教师评价(40%)	综合得分

相关知识点

产品详情页设计涉及的内容和模块较多,一般采取分模块的方式。操作要点包括:

要点 1: 新建符合尺寸要求的产品详情页,特别注意产品详情页的宽度。

要点 2: 填充背景颜色时一定要整体考虑各大模块。

要点 3: 在调整图片尺寸及排版时,要注意从整体角度思考,避免模块合成时不协调。

要点4：输入相关文字，然后设置字体、字号、颜色、段落、字符间距等，要充分考虑各版块的一致性。

要点5：利用移动工具调整图片、文字素材的整体布局。

要点6：详情页中使用的各种素材务必干净（如图片去掉背景色），给文字素材添加相应的效果（如阴影、描边、浮雕效果、发光等）。

要点7：完成制作后，按照要求保存产品详情页。

能力拓展

请按照任务要求，再制作一个产品详情页。要求版块结构完整（包括广告大图、规格参数、细节展示、模特展示、产品对比、特点展示、售后保障等），完成后按照要求提交给任课教师。

完成以上练习，填写表 4-9～表 4-12。

表 4-9 作品完成基本信息表

小组名							
				姓名			
完成主题	产品详情页						
完成方式	□自主完成						
	□协作完成	学号	姓名	学号	姓名	学号	姓名
完成时间							
任务分工 （自主完成可 不填成员姓名）	成员姓名			具体任务			

学习情境 4　产品详情页设计

完成步骤	第1步	
	第2步	
	第3步	
	第4步	
	第5步	
	第6步	
预计完成效果		

表 4–10 产品详情页制作完成情况表

采用工具	工具名称	工具作用

产品详情页制作规范	

产品详情页制作标杆分析	标杆名字	优点	缺点

产品详情页设计草图

表4–11 产品详情页制作完成情况表

产品详情页类别		
产品详情页制作工具	工具名称	工具作用
产品详情页制作步骤	步骤1	
	步骤2	
	步骤3	
	步骤4	
	步骤5	
	步骤6	
	步骤7	
	步骤8	
	步骤9	
	步骤10	
改进与不足		

表 4-12 拓展任务评价表

任务名称		产品详情页			
	评价指标	分数	学生自评	组长评价	教师评价
	是否符合法律要求	20			
	是否符合平台规范	20			
	是否体现店铺特点	20			
	创新意识体现	20			
	工具使用是否合理	20			
	合计	100			
综合评分=(学生自评+组长评价+教师评价)/3					
拓展任务得分(以上任务平均分)					

学习情境 5 商品图片创意处理

学习情境描述

实体店有橱窗展示、柜台陈列，顾客能面对面地观察、触摸、试穿和试用实物。而网络购物，顾客是接触不到商品的。因此，商品图片在网店中就起着至关重要的作用。一张好的图片是吸引顾客点击和购买的重要因素。图片质量的好坏直接影响着商品的点击率。网店商品图片用于网店展示商品，除了对尺寸和数量有明确要求外，还要求其能够反映商品全貌，准确还原色彩、清晰展现商品细节、突出商品卖点等。

学习目标

1. 知识目标
(1) 能说出商品图片处理的常用方法。
(2) 知道商品活动常见类型。
2. 能力目标
(1) 能使用 PhotoShop 完成图片相关处理操作。
(2) 能熟练制作不同活动类型的图片。
3. 素养目标
商品图片设计中往往涉及店铺折扣信息。还没有公开发布前属于商业机密，设计师一定要有保守商业机密的意识。

任务书

王女士的手机配件店现在准备上架商品。王女士学习后发现，商品图片的美观是消费者愿意购买商品的关键因素之一，因此对商品图片的处理尤为重视。她现在准备上架手机周边产品，需要处理主图、细节展示图。"双11"购物节快到了，她也想趁此机会将网店推广出去，所以还需要制作一些"双11"主题的图片。现在她请你帮助完成相关图片的设计。

网店 美工

任务分组

将学生按 4～6 人分组，明确组内工作任务，并填写表 5-1。

表 5-1　学生任务分配表

班级		组号		组名	
组长		学号			
组员及任务分工	姓名		学号	组内工作任务	

获取信息

引导问题 1　什么是产品主图？

_____
_____
_____

小提示

利用搜索引擎搜索"产品主图"；或者登录常见购物网站，进入产品页面，查看商品主图的呈现形式。

引导问题 2　产品主图的作用是什么？

_____
_____

引导问题 3　商品图片处理主要包括哪些常用操作？

_____
_____
_____

知识链接

要做好商品图片的创意处理,要求熟练掌握 PhotoShop 软件的基本操作。需要同学们提前熟悉以下几个常用操作:

1. 利用 PhotoShop 抠图

抠图是图像处理中最常做的操作之一。由于拍摄时的背景、模特的服装以及产品各不相同,抠图方法也各有不同。抠图的目的主要是为了后期的合成做准备。

第一类:纯色背景抠图

任务要求:利用魔棒工具将素材图片5-1中的耳机抠出来。

步骤01:打开素材图片5-1,如图5-1所示。

步骤02:双击图层,在弹出的"新建图层"对话框中,单击【确定】,解锁图层以便编辑,如图5-2所示。

图5-1

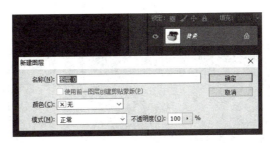

图5-2

步骤03:使用"魔棒工具",单击图片素材背景(白色部分),选中白色区域,如图5-3所示。

步骤04:在"选择"菜单中单击"反向"([Ctrl]+[Shift]+[I]),选中耳机主题图片,如图5-4所示。

步骤05:单击"矩形选择工具(W)",在选中的耳机图片上单击鼠标右键;从弹出的选项框中选择"通过剪切的图层",即可将耳机图片提取出来并单独存为一个图层,如图5-5所示。

图5-3

图5-4

图5-5

第二类:复杂背景抠图

复杂背景的图片就不能再使用魔棒工具,否则达不到想要的效果。钢笔工具可以用于复杂背景的抠图。

任务要求:利用钢笔工具将素材图片5-2中的手机抠出来。

步骤01:打开素材图片5-2,如图5-6所示。

步骤02:为防破坏图层,先复制一层([Ctrl]+[J]),找到"钢笔工具"([P])。可以看到,"钢笔工具"包含了钢笔工具、自由钢笔工具、添加锚点工具、删除锚点工具、转换点工具。此处选择钢笔工具。

步骤03:建立锚点。用钢笔工具点一下建立一个锚点。先点出一个起始点,然后确定另一个锚点的位置。按住鼠标不松手就会出现一个弧(也会出现控制柄,需要结合[Ctrl]键、[Shift]键、[Alt]键一起使用),如图5-7所示。调整适合的弧度,松开鼠标即可。如果添加锚点时,看不清图片的边缘,可以先用放大镜工具放大图片。这也是图片处理的重要技巧之一。

图5-6

图5-7

步骤04:用钢笔工具完成锚点设置后,按住[Ctrl]键,同时单击回车键,将钢笔工具绘制的路径转化为选区,如图5-8所示。

步骤05:单击"矩形选择工具(W)",在选中的耳机图片上单击鼠标右键。在弹出的选项框中选择"通过剪切的图层",即可将耳机图片提取出来并单独存为一个图层,如图5-9所示。

▶**注意** 如果方向线拉得太长,影响下一步操作,则按住[Alt]键点中心点,使一边方向线变短或者消失。按住[Ctrl]+[Z]键可撤销上一步操作;撤销多步可以用[Ctrl]+[Alt]+[Z]。按住[Ctrl]键不放,用鼠标点住各个节点(控制点),拖动改变位置。每个节点都有两个弧度调节点,调节两节点之间弧度,使线条尽可能地贴近图形边缘,这是光滑的关键步骤。如果节点不够,可以放开[Ctrl]按键,用鼠标在路径上增加;如果节点过多,可以放开[Ctrl]按键,用鼠标移到节点上,鼠标旁边出现"一"号时,点击该节点即可删除。

学习情境 5 商品图片创意处理

图 5-8

图 5-9

2. 利用 PhotoShop 修复污点

在实际操作过程中,难免遇到图片中有污点需要删除,比如多余的水印、文字、模特脸上的斑点等。可以使用 PhotoShop 中的"修复画笔工具"来处理。

第一类:去除文字

任务要求:需要去除"到手价:¥3199 起,立即购买"文字。

步骤 01:打开素材图片 5-3,如图 5-10 所示。

图 5-10

步骤 02:鼠标单击"修复画笔工具"稍作停留,在弹出的子工具中选择"污点修复画笔工具",如图 5-11 所示。

步骤 03:调整画笔合适的大小和硬度,如图 5-12 所示。

步骤 04:用调整好的"污点修复画笔工具"直接涂抹想要去除的文字。画笔要大于文字,否则效果不佳,可以多练习几次,熟练操作步骤。效果如图 5-13 所示。

图 5-11　　　　　　　　　　图 5-12

图 5-13

第二类：去除人物斑痕

操作方法与去除文字一样，同学们可以利用自己的照片或者网络上的照片练习，进一步熟悉污点修复画笔工具的使用方法。

3. 利用 PhotoShop 校正色彩和添加阴影

第一类：色彩校正

产品图片需要有一定的视觉冲击力，色彩就是其中重要的因素。我们拍摄的产品图片往往会有色彩偏差，需要色彩修正。常见的色彩校正操作有色阶、亮度/对比度、曲线、曝光度、自然饱和度等。

任务要求：利用图片素材 5-4 熟悉产品图片色彩校正的相关操作。

(1) 亮度/对比度

步骤 01：打开素材图片 5-4，如图 5-14 所示。

步骤 02：打开"图像"菜单，然后在"调整"工具的级联菜单中点击"亮度/对比度"菜单，如图 5-15 所示。

图 5-14

图 5-15

步骤 03:调整"亮度/对比度"窗口中的滑块到合适位置,将图片调整为想要的效果,如图 5-16 所示。

(2)色阶

步骤 01:打开素材图片 5-4。

步骤 02:打开"图像"菜单,在"调整"工具的级联菜单中点击"色阶"菜单。

步骤 03:调整"色阶"窗口中的滑块到合适位置(一般调整"输入色阶"里的左、右两个滑块),将图片调整为想要的效果即可,如图 5-17 所示。

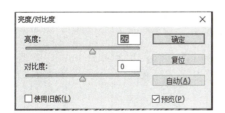

图 5-16

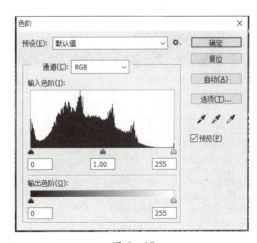

图 5-17

其他图片调整方式,可以利用老师提供的素材或者自行准备的素材练习。

第二类:添加阴影

在各种作品设计中,光影的运用特别重要,处理好光线和阴影的关系,会让作品更加突出主题,画面更加灵动。

任务要求：将图片素材5-5中的手机抠图，拖放到一个新图层，新图层的背景为白色，为手机图制作阴影效果。

步骤01：打开图片素材5-5。

步骤02：利用前面所学抠图方法抠图，如图5-18所示。

步骤03：新建一个大小适中的文件（此处可以为800×800像素），背景色填充为白色，并将抠出的手机图片拖放到新建的文件中来，如图5-19所示。

步骤04：在图层1上单击鼠标右键，单击"混合选项"按钮，再单击"投影"按钮，如图5-20所示。

图5-18

图5-19

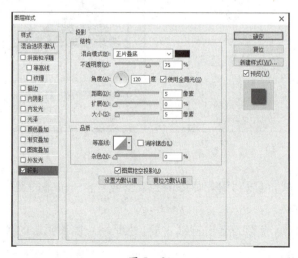

图5-20

步骤05:在"投影"中设置阴影的不透明度、角度、距离、扩展和大小等参数,效果如图5-21所示。

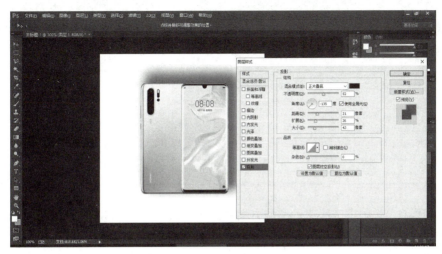

图 5-21

引导问题4 网店优惠的主题活动有哪些?请你收集相应的活动主题图片,作为制作主题活动图片的参考。

_____
_____
_____

小提示

主要促销方式有特价、秒杀、抽奖、满就送、包邮、赠送、红包、积分、会员等。

引导问题5 请你归纳总结产品主图组成元素有哪些。

_____
_____
_____

工作计划

组内每个同学提出自己的计划和方案,经小组讨论比较,得出1~2个备选方案。方案应该包括产品主图设计计划、产品主图概念、组成元素、制作规范、制作的具体流程等,填写表5-2。

表 5-2 商品图片设计操作工作方案

班级:	小组:	组长:		
任务分析				
序号	工作任务	完成措施(步骤)	完成时间	责任人
1				
2				
3				
4				
5				
6				

引导问题6 教师审查小组的实施方案并提出整改建议。小组进一步优化方案,确定最终实施方案,填写表 5-3。

表 5-3 制作工作方案前后对比

提出修改意见的成员	讨论前操作方案存在的不足	讨论后整理优化的方案

工作实施

引导问题7 主题活动主图制作过程中有哪些注意事项?

_____

_____

_____

实作步骤:

以开学季为例,制作一张手机销售主图。

步骤 01:打开 PhotoShop,新建尺寸为 800×800 像素的文档。

步骤 02:打开素材图片 5-6,并将其拖入新建的文档中。利用"自由变换"工具([Ctrl]+[T])调整大小,如图 5-22 所示。

步骤 03:新建一个图层,然后选择"圆角矩形"工具,绘制一个长 200 像素、高 50 像素的圆角矩形。在弹出的"属性"对话框中填写相应参数(在"所有角半径值"方框中填入 50),如图 5-23 所示。然后,将绘制的圆角矩形转化为选区([Ctrl]+回车键),填充颜色为红色(#d20001),如图 5-24 所示。

图 5-22

图 5-23

图 5-24

步骤 04:将图层 2 复制 2 次([Ctrl]+[J])。选中 3 个图层,排列,然后输入相应文字(参考字体:微软雅黑,字号:24 点),如图 5-25 所示。

图 5-25

步骤05：新建一个图层，利用"圆角矩形"工具绘制一个200×200像素的圆角矩形，属性设置如图5-26所示，填充为红色(#d20001)。

步骤06：新建一个图层，利用"圆角矩形"工具绘制一个长180像素、高50像素的圆角矩形，属性设置如图5-27所示。颜色填充修改为白色，并放置在新绘制的圆角矩形上方。输入相应的文字，如图5-28所示。

图5-26

图5-27

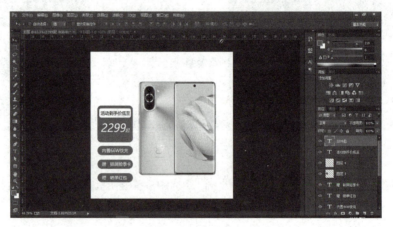

图5-28

步骤07：新建一个图层，利用"自定义形状工具"，找到"横幅4"形状，拖动鼠标，在文档中完成形状绘制（可以利用自由变换工具调整其大小）；转化为选区（[Ctrl]＋回车键）后填充为红色(#d20001)，输入相应文字，效果如图5-29所示。

> **小提示**
>
> 如"自定义形状工具"中没有"横幅4"，可以选中"自定义形状工具"后，在"属性"栏中，单击"形状"按钮旁边的下拉菜单，如图5-30所示。在下拉菜单中，单击右边的"设置"按钮，然后选择"全部"，可以导入系统内部一些默认形状，如图5-31所示。如果找不到该形状，也可以用其他形状代替，或者用钢笔工具绘制。

学习情境 5　商品图片创意处理

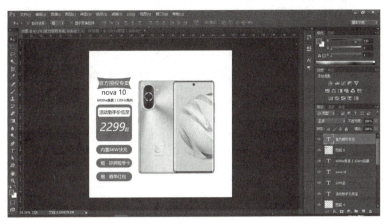

图 5-29

图 5-30

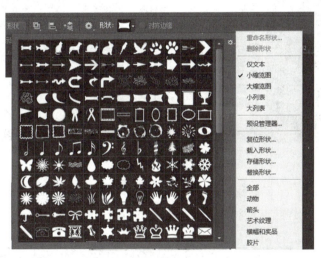

图 5-31

步骤 08：选择"多边形工具"，在"属性"栏目中，设置边数为 6，如图 5-32 所示。

图 5-32

　　新建一个图层，然后，在文档中拖动鼠标绘制六边形（转化为选区，填充为白色）。在该图层上单击鼠标右键，选择"混合选项"，为六边形设置描边效果，如图 5-33 所示。再利用"自由变换"工具调整其大小和角度，输入相应文字，如图 5-34 所示。

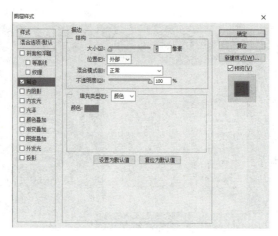

图 5-33

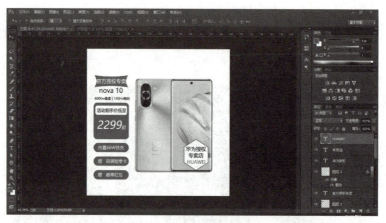

图 5-34

步骤 09：新建图层，再次选择"自定形状工具"中的"会话 3"形状。拖动鼠标，在新图层中完成绘制并填充红色（颜色值与前步骤相同），输入相应文字，如图 5-35 所示。

图 5-35

评价反馈

学生根据自己在项目完成中的表现自评,将结果填写到表5-4中。

表5-4 学生自评表

班级: 姓名:	所在小组: 学号:		
学习情境5	商品图片设计		
评价项目	评 价 标 准	分值	得分
搜索引擎的使用	能独立、准确搜索信息及数据处理	0.5	
产品主图组成要素	能准确说出产品主图所包含的组成要素	1	
产品主图设计的注意事项	明确产品主图设计中注意事项	0.5	
活动类别	能准确说出店铺活动的常见类别	0.5	
主图设计素材搜集	知道常见素材的寻找方法并保存	1	
PhotoShop 的使用	能熟练使用 PhotoShop 进行设计	3	
工作态度	态度端正,无无故缺勤、迟到、早退	0.5	
工作质量	能按照老师要求及小组分工完成任务	1	
协调能力	能与小组成员、同学合作交流	0.5	
职业素质	做到谦虚、耐心、细心、倾听	0.5	
创新意识	活动主图有创新点	1	
	合计	10	

组长根据小组成员在项目完成中的表现评价,将结果填写到表5-5中。

表5-5 组长评价表

班级: 小组: 组长:							
评价标准	分值	评价对象(填写成员姓名)					
积极参与项目制作	4						
与团队成员协作良好	4						
软件操作有提升	4						
保质保量完成任务	4						
服从工作调配	4						
合计							

学生以小组为单位,互评商品图片设计的过程与结果,小组得分即为成员得分,将互评结果填入表5-6中。

表5-6 小组互评表

学习情境5	商品图片设计												
评价项目	等级							评价对象(组别)					
								1	2	3	4	5	6
计划合理	优	3	良	2	中	1	差	0					
实施方案	优	3	良	2	中	1	差	0					
团队合作	优	3	良	2	中	1	差	0					
组织有序	优	3	良	2	中	1	差	0					
工作质量	优	3	良	2	中	1	差	0					
工作效率	优	3	良	2	中	1	差	0					
工作完整	优	3	良	2	中	1	差	0					
工作规范	优	3	良	2	中	1	差	0					
按图施工	优	3	良	2	中	1	差	0					
成果展示	优	3	良	2	中	1	差	0					
小组合计得分(总分为30分)													

教师对学生学习过程与学习结果按照表5-7标准进行综合评价。

表5-7 教师综合评价标准表

班级: 姓名: 学号:

学习情境5		商品图片设计		
	评价项目	评价标准	分值	得分
工作过程(60%)	考勤(10%)	无无故迟到、早退、旷课现象	4	
	搜索引擎的使用	能独立、准确搜索信息及数据处理	2	
	产品主图组成要素	能准确说出产品主图所包含的组成要素	2	
	产品主图设计的注意事项	明确产品主图设计中注意事项	2	
	活动类别	能准确说出店铺活动的常见类别	2	
	主图设计素材搜集	知道常见素材的寻找方法并保存	2	
	PhotoShop的使用	能熟练使用PhotoShop进行设计	6	
	工作态度	态度端正,无无故缺勤、迟到、早退	2	

续 表

评价项目		评价标准	分值	得分
工作过程 （60%）	工作质量	能按照老师要求及小组分工完成任务	1	
	协调能力	能与小组成员、同学合作交流	2	
	职业素质	做到谦虚、耐心、细心、倾听	2	
	创新意识	活动主图有创新点	2	
项目成果 （30%）	工作完整	能按时完成任务	2	
	工作规范	能按规范要求施工	4	
	按图施工	能正确根据实施方案完成施工	4	
	成果展示	能准确表达、汇报工作成果	2	
合计			40	

教师对学生几项分数按照表5-8汇总，得到学生综合评分。

表5-8 学生综合得分表

综合评价	自评(10%)	组长评价(20%)	小组互评(30%)	教师评价(40%)	综合得分

相关知识点

利用PhotoShop制作产品主图的操作要点：

要点1：新建符合尺寸要求的主图。

要点2：主图背景颜色尽量为白色以突出商品。

要点3：导入商品图片（商品图片应完成抠图，清晰）。

要点4：绘制装饰图形（用到形状工具或者钢笔工具）。

要点5：输入活动相关文字，设置字体、字号、颜色、段落、字符间距等。

要点6：利用移动工具调整图片、文字素材的整体布局。

要点7：给图片去掉背景色（抠图处理），给文字素材添加相应的效果（如阴影、描边、浮雕效果、发光等）。

要点8：完成制作后，按照要求保存产品主图。

能力拓展

1. 想一想，除了教材中提到的魔棒工具抠图和钢笔工具抠图外，还有哪些抠图方式？请自行拍摄或者网络下载相应图片，进一步熟悉PhotoShop抠图操作，并熟悉其他抠图工具的应用。

2. 请以"七夕节"为活动主题,制作 3 张活动主图。

完成以上练习,填写表 5-9～5-12。

表 5-9 作品完成基本信息表

小组名				姓名				
完成主题	主题活动主图							
完成方式	□自主完成							
	□协作完成	学号	姓名	学号	姓名	学号	姓名	
完成时间								
任务分工 (自主完成可 不填成员姓名)	成员姓名			具体任务				
完成步骤	第1步							
	第2步							
	第3步							
	第4步							
	第5步							
	第6步							
预计完成效果								

学习情境 5　商品图片创意处理

表 5－10　活动主图制作完成情况表

采用工具	工具名称	工具作用	
活动主图制作规范			
活动主图制作标杆分析	标杆名字	优点	缺点
活动主图初稿	绘制活动主图简图		

表5-11 活动主图制作完成情况表

活动主图类别		
活动主图制作工具	工具名称	工具作用
活动主图制作步骤	步骤1	
	步骤2	
	步骤3	
	步骤4	
	步骤5	
	步骤6	
	步骤7	
	步骤8	
改进与不足		

表5-12 拓展任务评价表

任务名称	活动主图(第1张)			
评价指标	分数	学生自评	组长评价	教师评价
是否符合法律要求	20			
是否符合平台规范	20			
是否体现店铺特点	20			
创新意识体现	20			
工具使用是否合理	20			
合计	100			
综合评分=(学生自评+组长评价+教师评价)/3				
任务名称	活动主图(第2张)			
评价指标	分数	学生自评	组长评价	教师评价
是否符合法律要求	20			
是否符合平台规范	20			
是否体现店铺特点	20			
创新意识体现	20			
工具使用是否合理	20			
合计	100			
综合评分=(学生自评+组长评价+教师评价)/3				
任务名称	活动主图(第3张)			
评价指标	分数	学生自评	组长评价	教师评价
是否符合法律要求	20			
是否符合平台规范	20			
是否体现店铺特点	20			
创新意识体现	20			
工具使用是否合理	20			
合计	100			
综合评分=(学生自评+组长评价+教师评价)/3				
拓展任务得分(以上任务平均分)				

学习情境 6　店铺收藏图标设计

学习情境描述

店铺收藏功能类似于浏览器的收藏夹,可以让消费者方便地将自己喜欢的店铺添加到收藏夹中,以便在需要访问的时候快速地找到该店铺。在电子商务平台的同类店铺中,收藏数量越高的店铺,曝光量一般也会越高。因此,需要在店铺中设置收藏标识,方便用户单击收藏店铺。收藏标识应该醒目、好辨认。

学习目标

1. 知识目标
(1) 能说出店铺收藏图标的组成要素。
(2) 理解店铺收藏图标的用途。
(3) 知道店铺收藏图标的常见种类。
2. 技能目标
(1) 能使用 PhotoShop 完成店铺收藏图标设计。
(2) 能归纳总结店铺收藏图标制作的一般流程。
(3) 能在满足设计要求的基础上,制作具有个性化的店铺收藏图标。
3. 素养目标
(1) 通过店铺收藏图标制作提升审美能力。
(2) 严格执行制作规范,培养工匠精神。

任务书

王女士手机配件网店成功上线试运行了。虽然做了一些线上、线下宣传,也开展了一些优惠活动,但是店铺访问量和关注度一直不高。用户反馈原因是,电子商务平台默认的收藏图标不显眼,想收藏店铺又不知道点哪里,最终往往嫌麻烦放弃收藏店铺。

因此,王女士想设计一个美观、显眼、有特色的收藏图标。具体要求有:①尺寸要与店招匹配;②色彩运用符合店铺整体风格;③收藏按钮显眼;④突出店铺卖点;⑤图片、文字搭配美观；⑥形成通用型模板。请你帮助她完成店铺收藏图标的设计。

任务分组

将学生按 4~6 人分组，明确组内工作任务，并填写表 6-1。

表 6-1 学生任务分配表

班级		组号		组名	
组长		学号			
组员及任务分工	姓名	学号		组内工作任务	

获取信息

引导问题 1 什么是店铺收藏图标？

_____
_____
_____

> **小提示**
> 　　利用搜索引擎搜索"店铺收藏图标"等关键词，查阅相关的网店，了解店铺收藏图标的呈现形式，尝试自己总结店铺收藏图标的内涵并在小组内研讨。

引导问题 2 观察店铺收藏图标图片。店铺收藏图标中包括的组成元素有哪些？

_____
_____

引导问题 3 店铺收藏图标的作用是什么？

_____
_____

引导问题 4　店铺收藏图标设计制作所需要的软件和素材有哪些?

_____
_____
_____

工作计划

各小组按照收集咨询和决策过程,制定店铺收藏图标设计计划。计划包括尺寸、组成元素、制作规范、制作具体流程。完成表 6-2。

表 6-2　店铺收藏图标设计操作工作方案

班级:	小组:	组长:		
任务分析				
序号	工作任务	完成措施(步骤)	完成时间	责任人
1				
2				
3				
4				
5				
6				

引导问题 5　师生讨论并确定哪一组的操作方案最合理,填写表 6-3。

表 6-3　制作工作方案前后对比

提出修改意见的成员	讨论前操作方案存在的不足	讨论后整理优化的方案

工作实施

引导问题 6　店铺收藏图标制作过程中有哪些注意事项?

_____
_____
_____

小提示

店铺收藏图标需要与店铺的整体色调和风格保持一致,也需要标识醒目,最好带有店铺承诺的文字内容。这样能给消费者安心的购物体验。同学们可以参考下面制作流程,完成各自小组的店铺收藏图标制作。

实操步骤:

步骤01:打开PhotoShop软件,新建尺寸为190×270像素的文档。

步骤02:将新建的文档填充为蓝色。颜色根据店铺主色调来确定。填充前景色的快捷键为[Alt]+[Backspace],如图6-1所示。

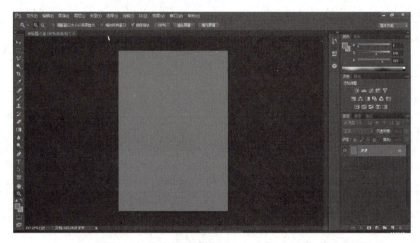

图6-1

步骤03:新建一条参考线,拖动到恰当位置。如参考线默认单位是像素的,拖动到200像素处;如参考线默认单位是厘米的,拖动到7厘米处,如图6-2所示。

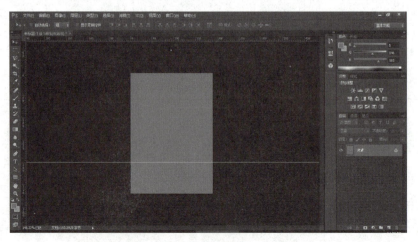

图6-2

学习情境6　店铺收藏图标设计

> **注意**　参考线单位的更换可以利用[Ctrl]+[R]，或者"视图"菜单中打开"标尺"。打开标尺后，在标尺上单击鼠标右键，选择需要的单位即可。

步骤04：利用"矩形选框工具"贴着参考线下沿绘制一个矩形选区，然后填充为白色，如图6-3所示。

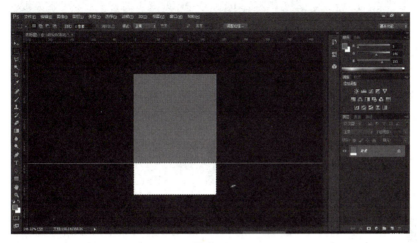

图6-3

步骤05：在工具箱中选择"圆角矩形工具"，在选项栏上设置工具属性（填充为白色、边框为无填充等设置），如图6-4所示。

图6-4

步骤06：在圆角矩形图层上单击鼠标右键，打开"混合选项"对话框，对圆角矩形进行外发光设置，设置参数如图6-5所示。

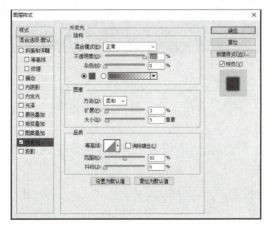

图6-5

步骤07：在圆角矩形图层上单击鼠标右键，打开"复制图层"对话框，单击【确定】。复制2个一模一样的圆角矩形，并排列、对齐，效果如图6-6所示。

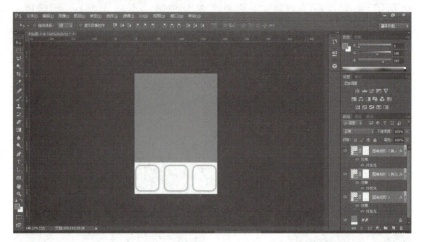

图6-6

步骤08：打开图片素材6-1~6-3，将素材拖动到文档窗口。放置在圆角矩形内，并调整到合适的大小，如图6-7所示。

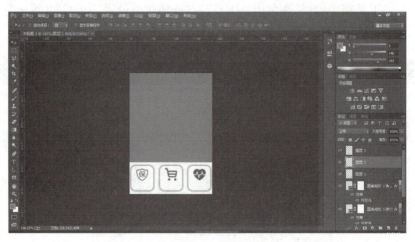

图6-7

步骤09：选择"横排文字工具"，在3个圆角矩形中分别输入文字，并设置好合适的字体、字号、颜色。效果如图6-8所示。

步骤10：利用"矩形工具"在文档内绘制一个白色的矩形，并用"横排文字工具"在矩形上输入文字，如图6-9所示。

步骤11：为了增加美观度，可以利用"自定义形状工具"，添加一些自选图形。在绘制形状时，需要在选项栏上设置工具属性，选择要绘制的形状，并用鼠标在文档上拖动进行图形绘制。效果如图6-10、6-11所示。

学习情境 6　店铺收藏图标设计

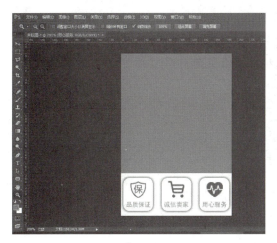

图 6-8

图 6-9

图 6-10

图 6-11

评价反馈

学生根据自己在项目完成中的表现自评,将结果填写到表 6-4 中。

表 6-4 学生自评表

班级:	姓名:	所在小组:	学号:
学习情境 6		店铺收藏图标设计	
评价项目	评价标准	分值	得分
搜索引擎的使用	能独立、准确搜索信息及数据处理	0.5	
店铺收藏图标组成要素	能准确说出店铺收藏图标所包含的组成要素	1	
店铺收藏图标设计的注意事项	明确店铺收藏图标设计中注意事项	0.5	
店铺收藏图标类别	能准确说出店铺收藏图标的常见类别	0.5	
店铺收藏图标设计素材搜集	知道常见素材的寻找方法并保存	1	
PhotoShop 的使用	能熟练使用 PhotoShop 进行设计	3	
工作态度	态度端正,无无故缺勤、迟到、早退	0.5	
工作质量	能按照老师要求及小组分工完成任务	1	
协调能力	能与小组成员、同学合作交流	0.5	
职业素质	做到谦虚、耐心、细心、倾听	0.5	
创新意识	店铺收藏图标设计有创新点	1	
	合计	10	

组长根据小组成员在项目完成中的表现评价,将结果填写到表 6-5 中。

表 6-5 组长评价表

班级:	小组:	组长:					
评价标准	分值	评价对象(填写成员姓名)					
积极参与项目制作	4						
与团队成员协作良好	4						
软件操作有提升	4						
保质保量完成任务	4						
服从工作调配	4						
合计							

学生以小组为单位,互评店铺收藏图标设计的过程与结果,小组得分即为成员得分,将互评结果填入表 6-6 中。

表 6-6 小组互评表

学习情境 6	店铺收藏图标设计												
评价项目	等级							评价对象(组别)					
								1	2	3	4	5	6
计划合理	优	3	良	2	中	1	差	0					
实施方案	优	3	良	2	中	1	差	0					
团队合作	优	3	良	2	中	1	差	0					
组织有序	优	3	良	2	中	1	差	0					
工作质量	优	3	良	2	中	1	差	0					
工作效率	优	3	良	2	中	1	差	0					
工作完整	优	3	良	2	中	1	差	0					
工作规范	优	3	良	2	中	1	差	0					
按图施工	优	3	良	2	中	1	差	0					
成果展示	优	3	良	2	中	1	差	0					
小组合计得分(总分为 30 分)													

教师对学生学习过程与学习结果按照表 6-7 标准进行综合评价。

表 6-7 教师综合评价标准表

班级: 姓名: 学号:

学习情境 6		店铺收藏图标设计		
评价项目		评价标准	分值	得分
考勤(10%)		无无故迟到、早退、旷课现象	4	
工作过程(60%)	搜索引擎的使用	能独立、准确搜索信息及数据处理	2	
	店铺收藏图标组成要素	能准确说出店铺收藏图标所包含的组成要素	2	
	店铺收藏图标设计的注意事项	明确店铺收藏图标设计中注意事项	2	
	店铺收藏图标类别	能准确说出店铺收藏图标的常见类别	2	
	店铺收藏图标设计素材搜集	知道常见素材的寻找方法并保存	2	
	PhotoShop 的使用	能熟练使用 PhotoShop 进行设计	6	

续 表

评价项目		评价标准	分值	得分
工作过程（60%）	工作态度	态度端正,无无故缺勤、迟到、早退	2	
	工作质量	能按照老师要求及小组分工完成任务	1	
	协调能力	能与小组成员、同学合作交流	2	
	职业素质	做到谦虚、耐心、细心、倾听	2	
	创新意识	店铺收藏图标设计有创新点	2	
项目成果（30%）	工作完整	能按时完成任务	2	
	工作规范	能按规范要求施工	4	
	按图施工	能正确根据实施方案完成施工	4	
	成果展示	能准确表达、汇报工作成果	2	
合计			40	

教师对学生几项分数按照表6-8汇总,得到学生综合评分。

表6-8 学生综合得分表

综合评价	自评(10%)	组长评价(20%)	小组互评(30%)	教师评价(40%)	综合得分

相关知识点

利用PhotoShop制作店铺收藏图标的操作要点:

要点1:新建符合尺寸要求的店铺收藏图标。特别注意店铺收藏图标的高度,要与店招尺寸匹配。

要点2:填充背景颜色(一定要与店铺的整体色调一致)。

要点3:在绘制圆角矩形和矩形时,要注意属性的设置。

要点4:导入店铺收藏图标制作所需要的图片并完成自由变换和排版,注意比例放大或缩小操作。

要点5:输入相应文字,然后设置字体、字号、颜色、段落、字符间距等。

要点6:去掉背景色(抠图处理),给文字素材添加相应的效果(如阴影、描边、浮雕效果、发光等)让其更加美观。

要点7:完成制作后,按照要求保存店铺收藏图标。

能力拓展

请按照任务要求,再制作一个店铺收藏图标,并提交给任课教师。

完成以上练习,填写下列表 6-9~6-12。

表 6-9　作品完成基本信息表

小组名					姓名			
完成主题	店铺收藏图标							
完成方式	□自主完成							
	□协作完成	学号	姓名	学号	姓名	学号	姓名	
完成时间								
任务分工 (自主完成可 不填成员姓名)	成员姓名		具体任务					
完成步骤	第1步							
	第2步							
	第3步							
	第4步							
	第5步							
	第6步							
预计完成效果								

表6-10 店铺收藏图标制作完成情况表

采用工具	工具名称	工具作用	
店铺收藏图标制作规范			
店铺收藏图标制作标杆分析	标杆名字	优点	缺点
店铺收藏图标初稿	店铺收藏图标简图		

学习情境6 店铺收藏图标设计

表6-11 店铺收藏图标制作完成情况表

收藏图标类别	工具名称	工具作用
店铺收藏图标制作工具		
店铺收藏图标制作步骤	步骤1	
	步骤2	
	步骤3	
	步骤4	
	步骤5	
	步骤6	
	步骤7	
	步骤8	
	步骤9	
	步骤10	
改进与不足		

表 6-12 拓展任务评价表

任务名称	店铺收藏图标			
评价指标	分数	学生自评	组长评价	教师评价
是否符合法律要求	20			
是否符合平台规范	20			
是否体现店铺特点	20			
创新意识体现	20			
工具使用是否合理	20			
合计	100			
综合评分＝(学生自评＋组长评价＋教师评价)/3				
拓展任务得分(以上任务平均分)				

学习情境 7 客服中心模块设计

学习情境描述

电子商务平台一般会自带客服中心基础模块。但是，一般情况下样式都很单一，且只能加载一个模块。而在网店实际的运营过程中，页面中适当增加客服中心区域，有利于加强与用户的沟通，对产品的销售和售后服务质量的保障，都有非常大的好处。而且，制作精美的图片效果也容易给用户留下美好的印象和购物体验。

学习目标

1. 知识目标
(1) 能说出客服中心模块的组成要素。
(2) 知道客服对于店铺运营的重要意义。
2. 技能目标
(1) 能使用 PhotoShop 完成客服中心模块的设计。
(2) 能根据不同电子商务平台客服中心模块的要求完成设计。
3. 素养目标
(1) 通过客服中心模块制作，明确其作用及意义，培养服务意识。

任务书

王女士手机配件的网店运营一段时间之后，发现差评量有所增加。通过与客户反复沟通后发现，是因为客户在购买商品后想咨询店家产品使用事宜时，找不到沟通渠道，直接给店铺差评。王女士非常重视此事，因为网店自带的客服模块不够明显。为了进一步提升购物体验，改善目前的不利局面，紧急联系了你，想让你帮忙设计一个符合店铺特色的客服中心模块。具体要求有：①尺寸为 190×380 像素；②图片、文字搭配美观，色彩运用符合店铺整体风格；③组成板块齐全；④有完整的售后服务相关信息。请你帮助她完成客服中心模块的设计。

网店 美工

任务分组

将学生按 4～6 人分组，明确组内工作任务，并填写表 7-1。

表 7-1 学生任务分配表

班级		组号		组名	
组长		学号			
组员及任务分工	姓名	学号	组内工作任务		

获取信息

引导问题 1　什么是客服中心模块？

_____
_____
_____

> **小提示**
>
> 利用搜索引擎搜索"客服中心模块"等关键词，查阅相关的文献资料和图片资料，了解客服中心模块的呈现形式。尝试总结客服中心模块的意义并在小组内研讨。

引导问题 2　观察客服中心模块图片，客服中心模块中包括的组成元素有哪些？一般分为哪几个板块？

_____
_____
_____

> **小提示**
>
> 进入一些电子商务平台的店铺，收集它们的客服模块，帮助分析其构成要素和组成结构。

学习情境 7　客服中心模块设计

引导问题 3　客服中心模块的作用是什么？
_____
_____

引导问题 4　客服中心模块设计制作需要软件和素材有哪些？
_____
_____
_____

工作计划

各小组按照收集咨询和决策过程，制定客服中心模块设计计划。计划包括客服中心模块的概念、组成元素、制作规范、制作具体流程。完成表 7-2。

表 7-2　客服中心模块设计制作工作方案

班级：	小组：	组长：		
任务分析				
序号	工作任务	完成措施(步骤)	完成时间	责任人
1				
2				
3				
4				
5				
6				

引导问题 5　师生讨论并确定哪一组的操作方案最合理，填写表 7-3。

表 7-3　制作工作方案前后对比

提出修改意见的成员	讨论前操作方案存在的不足	讨论后整理优化的方案

工作实施

引导问题 6　客服中心模块设计中有哪些注意事项？

实操步骤：

本案例制作应用左侧栏的客服中心的背景图片，宽度为190像素。客户中心包括售前客服、售后客服。

步骤01：启动PhotoShop软件，新建尺寸为190×380像素的文档，基本设置如图7-1所示。

步骤02：填充前景色（[Alt]+[Backspace]）。为了跟店铺颜色匹配，颜色填充为♯9de7ff（练习时，可以根据自己实际情况调整），如图7-2所示。

图7-1

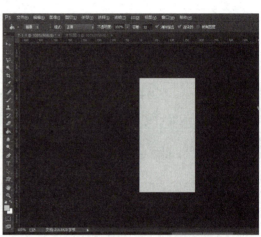

图7-2

步骤03：设置两条水平参考线，分别位于70像素和320像素位置。要精确控制参考线所在位置，可以在"视图"菜单栏中找到"新建参考线"，在弹出的"新建参考线"对话框中设置，如图7-3所示。

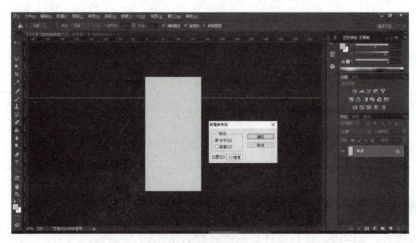

图7-3

步骤04：在工具箱里选中"矩形工具"，在选项栏里设置属性，如图7-4所示。填充颜色与店铺主色调相匹配。

图7-4

步骤05：在图层面板上右键单击矩形图层，选择"混合选项"菜单。在弹出的"混合选项"对话框中单击"渐变叠加"按钮，给刚才绘制的矩形填充渐变色，效果如图7-5所示。

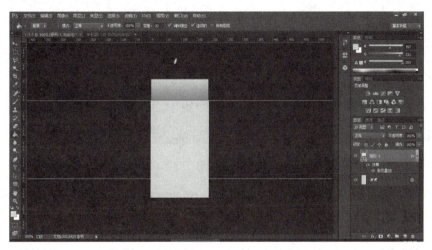

图7-5

▶注意　步骤04、05还可以采用"矩形选框工具"+"渐变工具"的方式完成。

步骤06：打开素材图片，拖入绘制的矩形内，调整大小，替换颜色。选择"横排文字工具"输入相应的文字，设置好字体、字号、颜色等信息，如图7-6所示。

图7-6

步骤07：新建一个图层，使用"矩形选框工具"沿着下方参考线绘制一个矩形选区，采用"渐变填充"工具填充上合适的颜色（渐变颜色可以吸取上方客服中心处的颜色，保持颜色的一致性），效果如图7-7所示。

图7-7

步骤08：导入素材图片，拖入文档，调整大小，更改颜色，放置在合适的位置。利用"横排文字工具"输入相应的文字，设置好字体、字号、颜色、文字特效等，效果如图7-8。

图7-8

步骤09：新建一个图层，利用"矩形选框工具"绘制一个矩形，填充为白色，拖动到客服中心下方。再复制两份（[Ctrl]+[J]）分别拖动到下方。利用"横排文字工具"输入相应文字，调整好字体、字号、颜色等，效果如图7-9所示。

学习情境 7　客服中心模块设计

图 7-9

评价反馈

学生根据自己在项目完成中的表现自评，将结果填写到表 7-4 中。

表 7-4　学生自评表

班级：	姓名：	所在小组：	学号：	
学习情境 7		客服中心模块设计		
评价项目	评价标准		分值	得分
搜索引擎的使用	能独立、准确搜索信息及数据处理		0.5	
客服中心模块组成要素	能准确说出客服中心模块所包含的组成要素		1	
客服中心模块设计的注意事项	明确客服中心模块设计中注意事项		0.5	
客服中心模块类别	能准确说出客服中心模块的常见类别		0.5	
客服中心模块设计素材搜集	知道常见素材的寻找方法并保存		1	
PhotoShop 的使用	能熟练使用 PhotoShop 进行设计		3	
工作态度	态度端正，无无故缺勤、迟到、早退		0.5	
工作质量	能按照老师要求及小组分工完成任务		1	
协调能力	能与小组成员、同学合作交流		0.5	
职业素质	做到谦虚、耐心、细心、倾听		0.5	
创新意识	客服中心模块设计有创新点		1	
合计			10	

组长根据小组成员在项目完成中的表现评价,将结果填写到表7-5中。

表7-5 组长评价表

班级: 小组: 组长:						
评价标准	分值	评价对象(填写成员姓名)				
积极参与项目制作	4					
与团队成员协作良好	4					
软件操作有提升	4					
保质保量完成任务	4					
服从工作调配	4					
合计						

学生以小组为单位,互评客服中心模块设计的过程与结果,小组得分即为成员得分,将互评结果填入表7-6中。

表7-6 小组互评表

学习情境7	客服中心模块设计											
评价项目	等级							评价对象(组别)				
								1	2	3	4	5	6
计划合理	优	3	良	2	中	1	差	0					
实施方案	优	3	良	2	中	1	差	0					
团队合作	优	3	良	2	中	1	差	0					
组织有序	优	3	良	2	中	1	差	0					
工作质量	优	3	良	2	中	1	差	0					
工作效率	优	3	良	2	中	1	差	0					
工作完整	优	3	良	2	中	1	差	0					
工作规范	优	3	良	2	中	1	差	0					
按图施工	优	3	良	2	中	1	差	0					
成果展示	优	3	良	2	中	1	差	0					
小组合计得分(总分为30分)													

教师对学生学习过程与学习结果按照表7-7标准进行综合评价。

表7-7 教师综合评价标准表

班级：	姓名：	学号：		
学习情境7		客服中心模块设计		
评价项目		评价标准	分值	得分
考勤（10%）		无无故迟到、早退、旷课现象	4	
工作过程（60%）	搜索引擎的使用	能独立、准确搜索信息及数据处理	2	
	客服中心模块组成要素	能准确说出客服中心模块所包含的组成要素	2	
	客服中心模块设计的注意事项	明确客服中心模块设计中注意事项	2	
	客服中心模块类别	能准确说出客服中心模块的常见类别	2	
	客服中心模块设计素材搜集	知道常见素材的寻找方法并保存	2	
	PhotoShop的使用	能熟练使用PhotoShop进行设计	6	
	工作态度	态度端正，无无故缺勤、迟到、早退	2	
	工作质量	能按照老师要求及小组分工完成任务	1	
	协调能力	能与小组成员、同学合作交流	2	
	职业素质	做到谦虚、耐心、细心、倾听	2	
	创新意识	客服中心模块设计有创新点	2	
项目成果（30%）	工作完整	能按时完成任务	2	
	工作规范	能按规范要求施工	4	
	按图施工	能正确根据实施方案完成施工	4	
	成果展示	能准确表达、汇报工作成果	2	
		合计	40	

教师对学生几项分数按照表7-8汇总，得到学生综合评分。

表7-8 学生综合得分表

综合评价	自评(10%)	组长评价(20%)	小组互评(30%)	教师评价(40%)	综合得分

相关知识点

利用PhotoShop制作客服中心模块的操作要点：

要点1： 新建符合尺寸要求的客服中心模块。

要点2:填充背景颜色。可以是纯色、渐变等,一定要与店铺的整体色调一致。
要点3:绘制矩形有多种方式,应该熟悉操作方法。
要点4:导入客服中心模块制作所需要的图片素材,并完成自由变换、排版。
要点5:输入相关文字,然后设置字体、字号、颜色、段落、字符间距等。
要点6:利用移动工具调整图片、文字素材的整体布局。
要点7:完成制作后,按照要求保存客服中心模块。

能力拓展

请按照任务要求,再制作一个客服中心模块,并提交给任课教师。
完成以上练习,填写表格7-9~7-12。

表7-9 作品完成基本信息表

小组名							
完成主题	客服中心模块						
完成方式	□自主完成						
	□协作完成	学号	姓名	学号	姓名	学号	姓名
完成时间							
任务分工(自主完成可不填成员姓名)	成员姓名		具体任务				
完成步骤	第1步						
	第2步						
	第3步						
	第4步						
	第5步						
	第6步						
预计完成效果							

表7-10 客服中心模块制作完成表

	工具名称	工具作用
采用工具		
客服中心模块制作规范		

	标杆名字	优点	缺点
客服中心模块制作标杆分析			

客服中心模块设计草图	

表 7-11　客服中心模块制作完成情况表

客服中心模块类别		
客服中心模块制作工具	工具名称	工具作用
客服中心模块制作步骤	步骤1	
	步骤2	
	步骤3	
	步骤4	
	步骤5	
	步骤6	
	步骤7	
	步骤8	
	步骤9	
	步骤10	
改进与不足		

表7-12 拓展任务评价表

任务名称	客服中心模块			
评价指标	分数	学生自评	组长评价	教师评价
是否符合法律要求	20			
是否符合平台规范	20			
是否体现店铺特点	20			
创新意识体现	20			
工具使用是否合理	20			
合计	100			
综合评分=(学生自评+组长评价+教师评价)/3				
拓展任务得分(以上任务平均分)				

图书在版编目(CIP)数据

网店美工/龚国桥,鞠小洪,王育恒主编.—上海:复旦大学出版社,2023.4
ISBN 978-7-309-16783-2

Ⅰ.①网… Ⅱ.①龚…②鞠…③王… Ⅲ.①电子商务-网站-设计 Ⅳ.①F713.36
②TP393.092

中国国家版本馆 CIP 数据核字(2023)第 044398 号

网店美工
龚国桥 鞠小洪 王育恒 主编
责任编辑/张志军

复旦大学出版社有限公司出版发行
上海市国权路 579 号 邮编:200433
网址:fupnet@ fudanpress.com   http://www.fudanpress.com
门市零售:86-21-65102580   团体订购:86-21-65104505
出版部电话:86-21-65642845
上海四维数字图文有限公司

开本 787×1092 1/16 印张 7.75 字数 179 千
2023 年 4 月第 1 版
2023 年 4 月第 1 版第 1 次印刷

ISBN 978-7-309-16783-2/F·2970
定价:41.00 元

如有印装质量问题,请向复旦大学出版社有限公司出版部调换。
版权所有   侵权必究